冤罪《えんざい》を晴らす！

食肉界の異端児の激闘20年

前田和男

ビジネス社

まえがき　読者とともに冤罪を晴らす闘いへ

本書はある食肉業者の冤罪を雪《そそ》ぐ物語であるが、それにとどまらない。読者にもその闘いの輪へと加わってもらうための誘《いざな》いの書（インビテーション）でもある。歴史小説になぞらえれば、主人公である先鋒隊長に着せられた濡れ衣の汚名を雪ぐべく、読者ともども敵方の城へ攻め入るための戦術指南書をめざしたい。

この戦いの先鋒隊長とは田邉正明。こんな経歴の持ち主である。

1946年（昭和21）6月18日、千葉県館山市の精肉業の三男として生まれる。

幼少時から家業を手伝いながら、柔道の魅力に開眼。文武両道で知られる南房総有数の伝統進学校・県立安房高校へ進学、柔道部に入部すると2年生でレギュラーとなり、3年間で県大会優勝3回、関東大会優勝3回、全国大会準優勝2回の強豪であった。田邉は当時、池畑姓で、安房高の最強の時代であった。

1965年（昭和40）4月、早稲田大学第二政経学部に現役で合格。柔道部に入部するも故障でプレイングマネージャーに転じる。

卒業後は、半年ほど家業を手伝ったあと、大手食肉専門商社ゼンチク（現・スターゼン）に入社。

オーストラリア駐在をへて33歳で独立、牛肉商社・食肉処理のベンチャーをアメリカで起業。日本への牛肉輸出の商社枠の5割前後を取り扱う急成長をとげる。

しかしバブル崩壊後、多額の負債を抱え、日本に帰国、牛肉から豚肉の輸入へ業態を転換。輸入豚の全国取引高の3割を占めるまでに躍進するが、2007年、突然、「差額関税制度」違反と脱税で逮捕・起訴。これを不当だとして裁判闘争を闘うも、2012年9月20日、懲役2年4月、罰金田邉個人1500万円、田邉が経営するナリタフーズ2億5000万円の判決が確定、栃木県黒羽刑務所へ収監。2014年6月23日に出所するも、さらに獄中から指示をしたとして2016年5月25日再び「差額関税制度」違反により逮捕。出所後、裁判闘争を闘うも2024年6月、最高裁で懲役3年半、罰金2億円の判決が確定。喜寿を超えての2度目の収監を間近に控え、癌と闘いながら、2つの判決を「冤罪」だとして、再審請求と国家賠償請求に挑んでいる。

「主人公の雪冤《せつえん》のために読者ともども再審という難攻不落の敵城へ攻め入る」のが本書の目論見だと、いきなり大上段に振りかざしはしたものの、不肖の軍師である筆者にとっては、事はそうたやすくはない。それどころか至難の業であり、ふつうのアプローチではおそらく大半の読者には見向きもしてもらえないだろうと、覚悟の肚をくくっている。

というのも、一つは、田邉が「犠牲の山羊」にされたのは豚肉輸入をめぐる「差額関税制度」だ。これが複雑怪奇で一般の人にはすぐには理解できない難物だからだ。そもそも「差額関税制度」とは、最高学府を出た官僚たちが自分たちにとって都合のよい統治のために知恵をつくして編み出したもので、しかもそれを守るために税関・税務署・警察・検察などの権力装置を好き勝手に動員できるから、一般庶民には難攻不落の城でまったく歯が立たない。

もう一つの障害は、今一度、冒頭に掲げた田邉の略歴を読み直していただければと思うが、主人公の田邉が立志伝中の人物にありがちな、波乱万丈すぎて近寄りがたい印象を与えかねないからだ。おまけに田邉が活躍の場としてきた「食肉の世界」は、利権がらみで怪しくて怖いという予断と偏見が世間的には浸透している。

この二つがネガティブな斥力《せきりょく》となって、のっけから本書を普通の人々から敬遠させてしまう可能性が高い。

では、そうはさせないためにどうしたらいいのか?

それには、まずは田邉のことを読者にとって日常生活にかかせない身近な存在だと感じとってもらう。そうなれば、田邉を「犠牲の山羊」にした「差額関税制度」がいかに複雑怪奇でとっつきにくかろうと、きっと読者は関心と興味をもってくれる。そして、それがいかに難攻不落に見えようとも、きっとどこかにあるはずの弱点を探り当て、そこをついて先鋒隊長とともに「差額関税制度」という本丸へと攻め込んでくれるはずだからだ。

そこで田邉正明という先鋒隊長が、実は読者にとっても身近な存在どころか、生活の役にたっていることを、ときには「食と健康の恩人」でもあるかもしれないことを、具体的なエピソードをもって紹介し、読者の関心と興味と共感を呼び起こそうと思う。

目次

第1章

日本人の食と健康を救った男

1 本格格安ステーキ誕生の立役者

ステーキは「金持ちのぜいたく」、庶民には「高嶺の花」だった

それでは田邉正明と肉をめぐる、老いにも若きにも共感も得られそうなエピソードをいくつか紹介しよう。まずは日本人なら、とりわけ若い世代であれば嫌いな人はいないであろう「ステーキにまつわる秘話」である。

現在ではファミリーレストランに行けば、そこそこの味の外国産のステーキが1000円前後で食べられるが、実はその背景に田邉の貢献があったのである。

それまでステーキは「金持ちのぜいたく」で、庶民には「高嶺の花」だった。

阿川弘之は、「明治の脱亜入欧以降の日本人とステーキとの付き合い」を、さすが食通で知られた作家とうならせる簡潔にして味のある文章でこう記している。

「昔のもっと昔は、フィレ・ミニョンとかサーロイン・ステーキとかいう名称すら知らず、単に『テキ』として味を覚えていた。明治初年生れの父親の言い方に倣えば「ビステキ」、これが戦時中のある時期から、並の手段では手に入らなくなる。食えない物には憧れがつのる道理で、勝利の生活スローガン『贅沢は敵だ』を聞かされた小さな子供が、ビフテキのことかと思う漫画があ

った。子供はフクちゃんだったと記憶しているので、鎌倉へ電話を掛けて訊ねてみたら、『僕はそんなの描いた記憶無いなあ』

横山隆一翁に否定されたが、もう一つ覚えているのは、政府軍部の作った標語を『贅沢は素敵だ』と言い換えて、ひそかに鬱憤を晴らす『非国民』どもがいたことである。当時海軍の初級士官だった私と雖も、これは『非国民』の味方をせざるを得なかった。美味に対する渇仰は、みんな大変強かった。

やがていくさが終り、負けた日本は少しずつ立ち直って、ビフテキぐらい誰でも、そう無理算段せずに食える時代がやって来る。(略)それが戦後十三年目か十四年目のことだったと思う」(『食味風々録』「ビフテキとカツレツ」新潮文庫、2001年)

なお野暮を承知で大作家の文章を補うと、文中の「敵」はステーキの「テキ」、「素敵」は「ステーキ」にひっかけた地口である。

阿川がいう「戦後十三年目か十四年目」は昭和33年か34年にあたるが、筆者はまだ中学生になりたてで、「大人たちが食べているらしい憧れの美味」であった。

筆者のステーキなるものとのファーストコンタクトは、60年も前の昭和40年代(1960年代後半)、友人が通うキリスト教系の某大学の学食のメニューに「ステーキ」を見つけたときだった。これが、映画やテレビでしか見たことがない憬れの欧米の代表的食べ物かと勇んで注文してかぶりついたところ、噛んでも噛んでも噛み切れず、しかもさっぱり味がしない。以来、私にとって「わらじ」が輸入ステーキの代名詞となった。それがようやく解消される契機となったのは、1980年代後半にファミリーレストランで噛み切れるだけではなく、肉本来の味がする1000円そこそこのステーキを食べたときだった。

ファミリーレストランに「1000円以下」のステーキ登場

当時、海外産の牛肉は輸入制限の割当制だったので、今のようにスーパーマーケットでも売られておらず、精肉店でも安いオーストラリア産が2500~3000円程度はしていた。しかし庶民にとって「ご馳走」だったそのステーキが「日常食」へと変わる。1980年代のことだ。ファミリーレストランがチェーン展開を始め、「すかいらーく」「デニーズ」「ロイヤルホスト」「あさくま」などが、それぞれ「1000円以下」のステーキの開発に着手、しのぎをけずりはじめたのである。

だが、こうしたファミリーレストランによる「ステーキの大衆化」は表面の動きに過ぎなかった。そもそもファミリーレストランに「安くてうまい牛肉」が提供されなければ「格安ステーキ競争」は起きようがない。本当の影の立役者は、当時、牛肉輸入を認められた36社の商社へアメリカからその48%近くを輸出していた田邉正明であった。

ちなみに、ステーキにされる牛肉は、図1-1のように、以下の3つの部位に大別される。

1 赤身の多い臀部《でんぶ》に近い部位（ヒレ、ランプ）

2 脂身の多い肩・背中の部位（リブロース、サーロイン）

3　1と2以外の腹部に近い内臓部位（ハラミ、サガリ）

ステーキに最も向いているとされるのは、2の「脂身の多い肩・背中の部位」だ。そのなかでもヒレ、サーロイン、リブロースの順に高級とされ、値も張る。

そこで「苦肉のステーキ肉」が生み出される。自由化以前の当時は1と2が輸入規制対象の「牛肉」で、3は「内臓肉」とも呼ばれて、輸入規制枠外のために安い関税で好きなだけ輸入できる。部位はハラミ＝横隔膜腰椎部で、肉質も赤身のヒレに近く脂の乗りもまずまずだが、薄くて板状になっている。このため、これを貼り合わせて結着させて「格安ステーキ」に仕立てられ、市場に出回るようになったのである。

1971年（昭和46）、「ロイヤルホスト」が「焼肉も楽しめる洋食レストラン」として1号店を

図1-1　牛肉の主な部位名

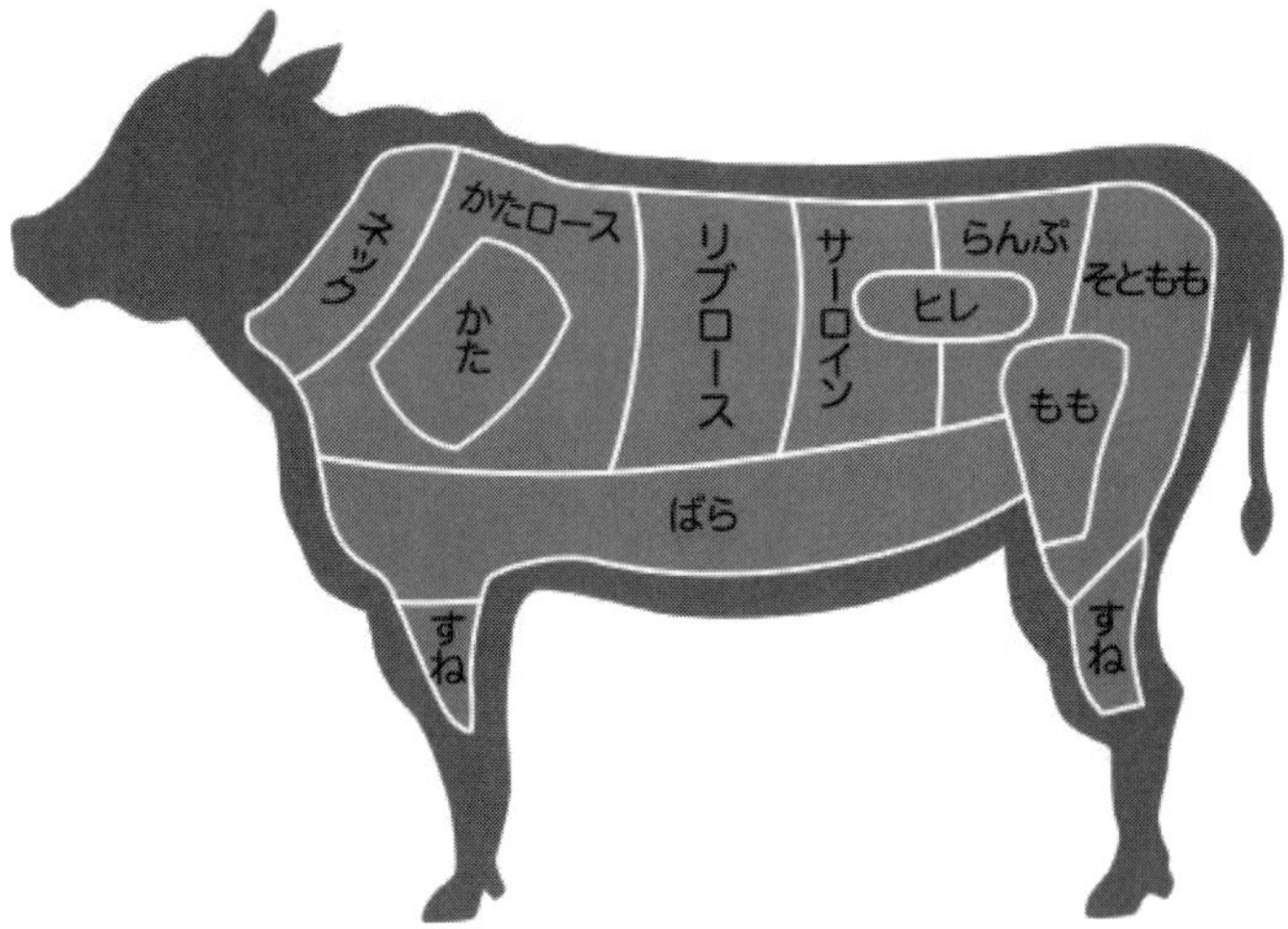

出典：農林水産省

北九州市黒崎にオープン、その目玉メニューとして人気をよんだ8オンス（235g）880円の「88ステーキ」も、これであった。今では高級焼肉部位のハラミのステーキがあったとは豪勢なものであった。

やがて、これに対して公正取引委員会から「内臓肉」と表示するよう指導が入ったことから、その後しばらくすると、本物の肉の一部である「トップサイド（内もも肉）」を使って、「格安ステーキ」がダイエーなどのスーパーで売られて評判になる。

この一連の動きにいち早く着目し、ステーキをめぐる、これまでにない新規のビジネスモデルを立ち上げたのが、田邉正明だった。

「プレポーションカット（事前整形処理）」による「本格高級格安ステーキ」

1985年（昭和60）、5年後に控えた牛肉輸入の完全自由化に備えるため、田邉はロサンゼルスのヴァーノンにユニブライトフーズ社を設立。初動でいきなりはずみをつける目玉企画とされたのが、ファミリーレストラン向けの「格安本格ステーキ」だった。

ワールド食肉トレーダーをめざして独立してわずか3年で、アメリカ産牛肉の輸入枠の5割前後を扱うまでになった田邉だが、それまでは日本の卸業者から注文を取り付けた牛肉を部位ごとに大きく仕分けをした「塊（ブロック）」をコンテナに積み込んで日本へ送り出すまでが仕事だった。そこから先は、日本の卸業者なり、あるいは精肉店やスーパーやレストランなりが、必要に応じて、先に掲げたヒレ、リブロース、サーロインなどのしかるべき部位を注文に応じた量にカットする。それが、ステーキが最終消費者の口と胃袋に入るまでの流れであった。

1985年、日本の政府が直接パッカー（海外の食肉処理業者）と国内の実需者と取引を行えるSBS（同時売買方式システム）を採用することになり、田邉はその需要を取り込むために早速動いた。そして田邉は、日本のファミリーレストラン向けに「プレポーションカット（事前整形処理）」と呼ばれる、これまでにない画期的な処理工程による「本格高級格安ステーキ」を売り込むことに成功する。それはこんな経緯によるものであった。

当時はステーキと言えば、「ヒレ」「サーロイン」「リブロース」のみが使われていた。それらの部位は美味《うま》いが、一頭からの量は当然のことながら限られているので価格も高い。「高かろう美味《うま》かろう」ではビッグビジネスにはならない。そこで田邉は、肩ロース芯（チャックアイロール）というリブロースに接している肩側の部位に着目した。そこは、半分はリブロースと同じように「柔らかい」が、頸側は筋肉が3層になっていて割れやすくて硬い。

そのため、これらの弱点を克服するために、以下の処理を行うことにした。

①トリム（表面脂肪を削り取る）
②テンダライジング（スジを切って肉を柔らかくする）
③太くて硬いスジを取る
④モールディング（ステーキの形に整える）

⑤ 塊り（ワンピース）ごとにラッピングする
⑥ マイナス60度に瞬間凍結して、解凍時にドリップが出ないようにする

これによって、田邉のユニブライトフーズ社は柔らかいリブロース並みのステーキを格安で提供できるようになった。最初の取引相手は、かつて田邉が籍を置きミート・ビジネスの手ほどきをうけた大手食肉商社ゼンチクと提携関係にある「すかいらーく」だった。

こうして同社は有力ファミリーレストラン間の「格安本格ステーキ合戦」の先頭に立つことができたのだった。

「格安本格ステーキ」合戦の裏にいたのは田邉一人だった

「商道徳上の守秘義務は時効だろうから」と、田邉はある裏話を明かしてくれた。

「すかいらーく」の格安本格ステーキの成功の裏に田邉が開発したプレポーションカット（事前整形処理）があることが業界内で知られると、「ロイヤルホスト」や「あさくま」などライバルのファミリーレストランの社長クラスが相次いでロサンゼルスの田邉を訪ねてきた。さっそく「あさくま」から、コンテナ1本分の「格安本格ステーキ」を1か月で納品してほしいとの注文があった。かねてから同社とは、ヒレやロースを使う従来のステーキの概念を打破しようと「試作研究」を長く行ってきたこともあり、田邉はこれに応じた。

「ロイヤルホスト」からも注文が来た。

通常ファミリーレストランであれスーパーであれ、ライバルと取引がある輸入業者に発注することは避ける。それが社運をかけた新商品にかかわる取引であれば、企業秘密がライバルに漏れるおそれがあるから、なおさらだ。「ロイヤルホスト」は田邉に発注するにあたって、「注文内容は内密に」と念を押し、もちろん田邉もそれを了として受けた。

「ロイヤルホスト」もできれば、田邉以外に発注したかったろうが、そうできなかったのはほかに選択肢がなかったからだった。

田邉が開発したプレポーションカットは画期的ではあっても、処理工程が複雑で人手がいる。牛肉社会のアメリカにはステーキを部位ごとに整形処理する予備工程を請け負う企業は何社かあったが、日本向けの人海戦術による古典的なオペレーションをこなせるのは、田邉が設立したばかりのユニブライトフーズのほかにはどこもなかった。

当時、私たち消費者は、「格安本格ステーキ」をめぐってファミリーレストランがしのぎを削っていたとばかり思っていた。しかし、裏にいたのは田邉一人だったことになる。家族4人で「安かろう美味《うま》かろうステーキ」を飲み物デザートつきで味わって1万円札でおつりがもらえるようになったのは、ファミリーレストランの競争のおかげだと思っていた。実は、いや真の立役者は田邉だったかもしれないのである。

2 焼肉に新たな食味をもたらす

焼肉界の新星「ザブトン」あらわる

こうして私たち日本人は、田邉のおかげで「ステーキもどき」から、「安かろう美味《うま》かろうステーキ」が食べられるようになった。さらに私たちにとっても、田邉にとっても、もう一つ思わぬ美味しい副産物を味わえることになったのである。

それは関西の焼肉業界で「ザブトン」と呼ばれる部位だ。だがそれは、当初田邉にとっては処分に困る「評価が極端に落ちる部位」でしかなかった。

前述したように、田邉は、アメリカでは見向きもされなかった肩ロースの中でもチャックアイロールと呼ばれる部位を「プレポーションカット」によってファミリーレストラン向けの格安本格ステーキ用に再生させた。そのさい、チャックアイロールの外側にある硬い筋部分「チャックフラップ」を削りとらなければならず、田邉にとってここは邪魔な「厄介もの」だった。当初は量も少なく、地元ロサンゼルスの卸問屋に引き取ってもらっていた。それが、「すかいらーく」の格安本格ステーキの人気でチャックアイロールの取り扱い量が多くなるにつれてさばききれなくなり、チャックフラップが不良在庫となって積み上がっていくのが悩みのタネだった。そんなおり、大阪の大手食肉卸業者が田邉のもとにやってきて、これを見るなり、田邉にこう訊ねた。

「これ、いくら?」

田邉が「どうせ余ったら処分するのだから」とかなり魅力的な価格を提示すると、相手は、

「よし、その値段だったら全部買おう!」

と今後も全量を引き取ると請け合ったのである。

「いったい何につかうのか」と田邉がいぶかると、

「これは『ザブトン』といって、サシが入っていてスライスすれば焼肉では最高部位として高く売れるんだ」

「ザブトン」という呼称は初耳だった。チャックアイロールの外側から削りだす前の形状が座布団に似ているからだといわれて、なるほど言いえて妙だと納得した。

しかし、「焼肉の最高部位として高く売れる」といわれても田邉は半信半疑で、とにかく処分ついでにいくらかのカネが入れば御の字だと思って聞き流していた。ところが1か月も経たないうちに、「ザブトン」の引き合いが多くなり、本来のステーキ用のチャックアイロールが逆に余って不良在庫となり、かえって「お荷物」になってしまったのは、なんとも皮肉なことだった。

この成功の裏には、もう一つアメリカのパッカー(食肉処理加工会社)では初めての試みがあった。それは「等級分けテーブル」の設置である。日本のマーケットでは、牛肉は「さし」の具合によって1キロ1000円もの価格差が生ずる。田邉のユニブライトフーズでは、「骨抜き作業テーブル」

の端に2～4人のスタッフを配置、「さし」の具合によって、Aグレード（上質な国産牛に匹敵する）、Bグレード（適度なさしがある）、Cグレード（赤身のため米国国内向け販売）に選別してパッキングした。日本の顧客はこの「等級分け」によって品質の安定が担保され、通常のザブトンよりも高い価格で購入してもらえたのだった。

なお、この「ザブトン」は和牛の部位でも「最もうまい部位」として高く評価する食通が多く、いまや焼肉だけでなく、しゃぶしゃぶ、刺身、すし用の高級アイテムとなっている。

ちなみに東京・銀座の高級焼肉レストラン「うしごろエス 銀座店」では、「ザブトン」を売りにしたコース料理を提供。「モリーユ茸と和牛のコンソメ」にはじまり、「オーガニックチョコレートアイス」で締める全14品の主役を「黒トリュフとザブトンのすき焼き」がつとめ、料金はしめて税別3万1000円也。

また、中央区東日本橋の「焼肉匠　勝善」では、各種ザブトン料理を提供、店のブログにはこんな「うんちく」が傾けられている。

「ザブトン部位が希少でありながら高く評価される理由は、その特有の食感と風味に由来します。ザブトンとは牛の肩ロースの中でも特に肩甲骨の周辺に位置する部位で、一頭からわずかしか取れないため、市場に出回る量が非常に限られています。この部位は動きが少ないため、脂肪が適度に入り込み、きめ細かくやわらかい肉質が特徴です。そのため、焼肉やステーキなどの料理で非常に柔らかく、ジューシーな味わいを楽しむことができます」

このように人気がうなぎ昇りの上に、そもそも牛1頭でせいぜい3〜4キロしかとれないので、取引値段も急上昇、田邉が当初に示した「かなり魅力的な価格」がいまや100グラムで1000円以上もする。それもあって、アメリカの大手パッカーも「ザブトン」にあたる「チャックフラップ」を商品化、焼肉用として一般に流通するようになっている。

戦後の路地裏韓国料理を日本の王道焼肉文化へ

焼肉ついでに蛇足を加えると、田邉はそれ以前に日本における焼肉の「外食の大衆化」を陰で支えていた。

そもそも日本における焼肉店の始まりは、終戦直後の食糧難の中、在日韓国・朝鮮の人々が同胞を客として、日本人が食さない牛や豚の内臓（モツ）を焼いて供したホルモン焼きとされる。その発祥は、彼らに馴染みのある大阪は千日前の食道園とされている。

その後、大阪以外の東京などでも焼肉店が生まれる。ただし、日本人客を相手にした中華屋や洋食屋と同じレベルの市民権を得るようになるのは、1960年代ぐらいからである。筆者は田邉と同年代の戦争が終わって大量に生まれた団塊世代の一人で東京山の手の目黒の生まれ育ちだが、近所に焼肉店が出現したのは高校時代だったように記憶する。

そこへはじめて入ったのは大学時代だが、ホルモン以外は学生の懐にはいささか厳しくて日常的に行けるところではなかった。それが家族連れでも気軽に入れるようになるのは、敬遠される一因であった煙もうもうの店内が「無煙化」されたこともある。しかし、なんといっても1980年代から始まるバブル景気によって生まれた「食の多様化と外食化」によるものだった。ファミリーレストラン並みの価格帯の焼肉チェーンが全国展開をはじめるのもこの時期からである。

80年代の焼肉ブームに火をつけたハラミとサガリ

こうした焼肉ブームに火をつけて後押ししたのも、実は田邉だったかもしれない。

それまでの焼肉店の主役メニューは赤身のロースと脂身のカルビだったが、どちらも美味いが高い。そこへ味ではロースとカルビに匹敵し、値段は安いハラミとサガリという「新参メニュー」が一般の焼肉店にも出回るようになり人気を博す。

ちなみに、ハラミ（アウトサイドスカート）もサガリ（ハンギングテンダー）も横隔膜に付随する肉のこと。どちらも部位としては「内臓」の一部にあたる。

いっぽう旧来のロースとカルビは牛の部位でいうと「正肉」である。この時代はまだ牛肉は自由化されておらず、輸入肉は和牛より安いとはいっても、輸入規制により価格は高い。それにたいして、ハラミとサガリは「内臓」なので輸入規制の対象外。しかもアメリカでは、これらの部位はメキシコ移民の貧困家庭の人々がメキシコ料理のファヒータス（肉野菜炒め）として食べていた。そのため安く仕入れることができた。

つまり、うまくて安い部位であるハラミとサガリが大量に日本に入るようになったことで焼肉ブームに火がついたのであり、それを裏で支えたのが田邉であった。

田邉が設立した現地法人は、アメリカ最大手のパッカーであるＩＢＰ社の総代理店だったので、大手食肉輸入商社を尻目に、このハラミとサガリを大量かつ低価格で仕入れることができた。ちなみに当時の田邉はアメリカ牛肉の対日輸出総額の５割前後を扱い、「牛肉外」の自由化商品であるハラミ、サガリ、レバー、タンなどの「内臓」の対日輸出でも3～4割を占めていた。この数字からも、田邉が１９８０年代の日本の焼肉ブームの後押しをしたといって間違いないだろう。

さらに、この焼肉ブームのなかで「生レバー・ブーム」が起きる。これを裏で支えたのも田邉だった。いうまでもなく生レバーは鮮度が命。じっくりと穀物を食い込んだ「和牛」のレバーは極上でも、鮮度の関係から東京には限られた数量しか集まらない。そのため北海道から10時間以上かけて東京へ運ばれたが、１キロ１８００円もした。

いっぽう、輸入物の牛の冷凍レバーは日本国内価格で１２００円ほど。

ロサンゼルスからの空輸時間は9時間、北海道からの生レバーの輸送は11～12時間と、鮮度は国内産にひけをとらず、値段も国内産より安いので飛ぶように売れた。したがって「売り手市場」のため、何社かに順番をつけて販売するほどであった。田邉はこの「地の利」を生かし、日本への牛生レバーの輸出をほぼ独占した。

90年代初頭のバブルの崩壊後も残った「食の多様化と外食化」

こうして田邉は、それまでアメリカでは安値だったハラミとサガリを大量に日本にもたらして焼肉ブームの火付け役となり、その余勢をかって「生レバー・ブーム」にも一役買った。

ついで、同じく売れ残りとなっていた部位を、ファミリーレストラン用の格安本格ステーキと高級焼肉アイテムの「ザブトン」に変身させた。いずれも食肉界における「ひょうたんから駒」の画期的事件であった。

おそらく当の田邉は、「日本人にむけて、できるだけいい肉をできるだけ安い値段で仕入れて、他よりできるだけ安い値段で売った結果にすぎない」と否定するだろう。これによって、田邉の食肉ビジネスも潤ったが、日本人の胃袋も大いに満足させられたことは間違いない。

いや、それだけではない。国民の食文化の変化という点からすると、一部の金持ちの「ぜいたく」だったステーキを庶民のものへと格下げさせる。いっぽうで韓国・朝鮮の人々のソウルフードだった焼肉を一般の日本人にとって人気の日本式焼肉に格上げするという、画期的な役割を陰で果たしたことになる。

パルコの「おいしい生活」というCMコピーが人々の心をつかんだのは1982年（昭和57）のことだった。それは戦後日本人のライフスタイルの本格的多様化のスタートであり、その多様化の重要な要素の一つには間違いなく「食」があった。

思い起こせば、筆者をふくむ日本人の食生活がにわかに多様で豊かになったのは、1980年代からである。そのシンボル的現象が、田邉が一役も二役も買ったステーキと焼肉が庶民の〝日常食〟になったことだった。

バブルの崩壊で日本人は多くのものを失った。だが、バブルが生み出した「食の多様化と外食化」はバブル後に生まれた若い世代もそれを享受できている。その陰に、田邉の巧まざる「貢献」があったことは間違いないであろう。

3 田邉正明がいなかったら、BSEで元祖牛丼は消えていた!?

1970年は「外食産業元年」

ステーキと焼肉はともかくも、生レバーとなるとかなりディープな食材のため、読者に田邉の存在を身近に感じてもらう事例としては、いささか不十分かもしれない。

であれば、外食チェーンの雄、牛丼の吉野家と田邉との「もちつもたれつの関係」にまつわる秘話――もし田邉がいなかったら、元祖牛丼とともに、外食産業は消滅しないまでも大きく衰退していたかもしれない――というのは、どうだろう。

牛丼であれば、多くの読者には身近な「国民食」なので、妥当なエピソードといえそうだ。

まずは外食産業と吉野家と牛丼との相関について概観しておこう。

1970年は「外食産業元年」といわれる。ケンタッキー・フライド・チキンが大阪千里の万博会場に出店、「すかいらーく」と「ロイヤルホスト」もこの年、1号店を出店した。翌71年にはマクドナルドが銀座4丁目交差点に、そして73年には吉野家が神奈川県小田原市にそれぞれ1号店を出店。そして74年には吉野家が新橋に2号店を出店している。

1970年の市場規模は2・4兆円だったが、翌71年3・2兆円、75年8・6兆円、80年14・6兆円、97年29・1兆円と、30年たらずで10倍超の急成長をつづける。そこでピークをうつと以後は緩慢な長期低落が続き、ここ数年は20兆円前半で推移している（図1-2参照）。

まさに1970年代は外食産業の幕開けの時代であった。

『日本食肉文化史』（伊藤記念財団、1991年）は、こう記す。

「豊かになった日本人の食生活は、食料消費の多様化・高度化へ向かい、日本の外食率の平均は10％に達し、東京・大阪などの大都市では20から30％に高まった。ちなみに外食率の高いと言われてきたアメリカの当時の外食率は30％だと言うことだから、日本の場合いかに急速に外食が拡大したかと言うことがわかるだろう」

そんな外食産業の急成長を、多くの洋風メニューにまじって和風の味で力強く支えたのが、吉野家の牛丼であった。

そもそも牛丼は明治の文明開化のシンボルであった「牛鍋」がルーツで、その後は長い間、東京のソウルフードのままであった。それが1970年代の外食産業の幕開けの主役の一人となったのは、素材の牛肉が国産のバラ肉から、アメリカ産牛肉のショートプレートに切り替えられたことにある。

ショートプレートとは、リブ（あばら）の下にある第6肋骨から第12肋骨までのバラ肉である。当時のアメリカでは肉質が硬く脂肪が多いことから牛脂除去に手間がかかり、ハンバーガーの材料には向いていないため敬遠され、「くず肉」扱いをうけていた。

だが日本では、薄切り肉をタレとともに煮ることによって牛脂が分離して簡単に除去ができた上に柔らかくなり、玉ねぎと適度にからんで味付けされると「丼もの」や「すき焼き」の旨味が増すことが知られるようになって急速に需要が拡大する。

図1-2　外食産業市場規模の推移

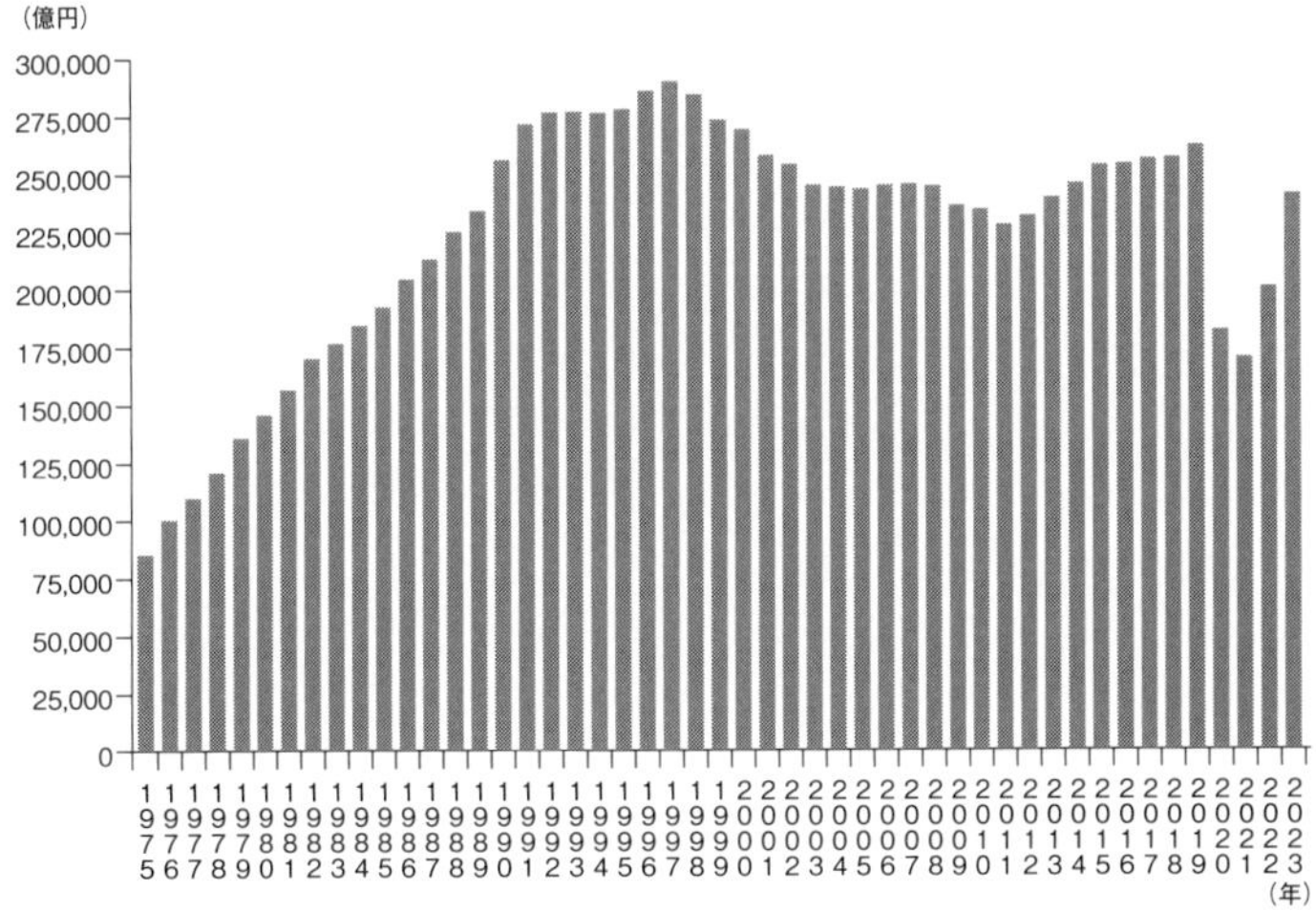

出所：一般社団法人日本フードサービス協会

これに「吉野家」の創業者の松田瑞穂社長が着目、三井物産と組んで素材のショートプレートをアメリカから輸入してオリジナルメニューとして発売すると他の牛丼チェーンも追随、一大ブームをまき起こして、一躍、牛丼を「国民食」にする。そして元祖の吉野家と他の外食チェーンによる牛丼は、カレーやハンバーグやステーキとならんでファストフードの有力単品アイテムの一つとして、今も日本の外食を支え続けている。

「ナリタフーズ」の快進撃、BSE（狂牛病）発生を奇貨として

実は、吉野家と田邉正明は、牛丼を「国民食」にしたアメリカ産牛肉のショートプレートをめぐって、長年にわたって「もちつもたれつの関係」にあった。

最初は、田邉が吉野家に支えてもらう関係が続いた。

前節では、田邉が1985年（昭和60）、5年後に控えた牛肉の完全自由化に備えるためアメリカはロサンゼルスでユニブライトフーズを設立、「すかいらーく」向けの「格安本格ステーキ」を提供して順調にスタートを切ったと記したが、もう一つ頼もしい稼ぎ頭があった。それは、牛丼向けにアメリカ産牛肉のショートプレートをリブ（あばら）からスライスする（削りとる）作業で、吉野家からの受注だった

ところが20年ほどで、吉野家と田邉正明との「もちつもたれつ」の関係に大逆転が起きる。

2003年（平成15）12月24日、アメリカ合衆国ワシントン州で、BSE（狂牛病）感染牛が発見

されたとの発表があり、この日を境に両者は「明」と「暗」をわけることになる。

田邉はそのときの衝撃をいまだに忘れることができない。

この日、会社にいつもより早く出勤した田邉の気分は重かった。

というのも、事業の拠点をアメリカから日本へ移して「ナリタフーズ」を設立、営業の主力もビーフ（牛肉）からポーク（豚肉）の輸入にシフトして10年がたっていたが、この年はポークの国内市場がおもわしくなく、在庫を多く抱えて5000〜6000万円の損切りを覚悟していたからだ。

例年であれば、クリスマス休暇を取り、正月をロサンゼルスで家族と過ごすのが楽しみなのだが、今年はそうはいきそうになかった。

その時、社員から重大ニュースが飛び込んできて、田邉の気分は「暗」から「明」へと反転した。

「社長、大変です。アメリカで狂牛病が発生して牛肉が輸入禁止になるかもしれません！」

田邉は驚きとともに、とっさにつぶやいていた。

「吉野家さんは大丈夫だろうか。潰れてしまうかもしれない……」

次の瞬間、社員が叫んだ。

「もう、2社から合わせて1万トン以上の（ポークの）買い注文が入っていますよ！」

にわかに田邉の中で商魂が頭をもたげた。すぐさまデンマークの主力取引先パッカーであるディニッシュクラウン社のフィン・ラウリツェン輸出部長へ電話を入れ、挨拶もそこそこに商談に入った。

「フィンさん！　ＢＳＥ（狂牛病）の件は知っていますか？」

「もちろんですとも。日本は大変になりますね！　ところで田邉さん、まだベリー（豚バラ肉）やカラー（肩ロース）がありますが、いかがですか？」

日本の市況が悪かったので、かなり在庫を抱えていたのだろう。「ＢＳＥによるアメリカ産牛肉の禁輸騒動」で、こちらの足元をみて価格を上げてくるのではないかと身構えていると、

「同じ価格でいいですよ。でも、量は倍でお願いします！」

田邉は思わず叫んでいた。

「ユア・ウエルカム！　サンキュー！」

田邉は電話での商談を終えると、時をおかずヨーロッパへ買い付けに飛んだ。

年が明けてすぐ、２００４年（平成16）1月7日の日本経済新聞は、「輸入豚肉の卸値が上昇。米産牛肉の代替需要」の見出しを掲げて、こう報じた。

「輸入豚肉の卸値が上昇している。ベーコンや角煮に使うデンマーク産バラ肉（冷凍品）の東京地区の卸値は現在1キロあたり５１０円（中心値）で、昨年12月下旬に比べ20円（4・1％）高い」

海外産の大半をしめるアメリカ産牛肉が禁輸となったことで、牛と豚との需給バランスがくずれて輸入豚肉の価格が急騰、この傾向がつづくのは必至であった。かくして、このＢＳＥ騒動直後のディニッシュクラウン社との電話取引からナリタフーズの快進撃が始まった。

欧州産の豚丼でしのいだ牛肉不在の5年間

いっぽう、吉野家と元祖牛丼にとっては、田邉とは真逆で、12月24日は「明」から「暗」へ転じた歴史的な1日となった。

「食肉関連メーカー、外食産業などへの影響が避けられない」と同日の日本経済新聞夕刊が報じたように、アメリカでのBSE感染牛発覚報道の2日後の12月26日、日本政府はアメリカ産牛肉の全面輸入禁止を決定。これにより安価なアメリカ産牛バラ肉に支えられた牛丼は存亡の危機に直面することになった。

緊急事態をうけて吉野家以外のすき家などの牛丼チェーンは、こぞって穀物肥育のアメリカ産バラ肉（ショートプレート）をコストの低い牧草肥育のオーストラリア産などに切り替える戦略をとった。だが、吉野家はあくまでもアメリカ産にこだわった。政府がアメリカ産牛肉輸入禁止を打ち出してから1週間後、年明け早々の2004年（平成16）1月1日、吉野家は「牛丼の特盛りの発売を中止し豚丼を代替メニューとする」と発表する。ここから吉野家の倒産をも覚悟しなければならない試練と受難がはじまった。

おそらく牛丼発売中止による固定ファン離れが主因と思われるが、2004年度の売上は、1968年に多店舗展開を始めて元祖牛丼を世に送りだしてからずっと守りつづけてきたトップの座を2番手の「すき家」に譲り渡す。それでも、アメリカ産牛肉が安全に輸入できるまでは豚丼で生き延びる戦略にゆるぎはなかった。

当時トップとして陣頭指揮にあたった安部修仁社長は、「オヤジ」と呼ぶ創業者の松田瑞穂から「クオリティーへの徹底的なこだわりを現場を回りながら教えてもらった」とした上で、往時を振り返って、こう記している。

「クオリティーへの徹底的なこだわりが後にBSE（牛海綿状脳症）危機でも生かされました。吉野家スペックといわれた米国産牛肉の部位こそが吉野家ファンに納得いただけるものと、クオリティーには一切妥協せず、米国からの牛肉禁輸下で、牛丼は提供せず、豚肉やカレーを使ったほかの代替メニューで耐え続けました。これが吉野家のブランド価値を一層確たるものにしてくれたかもしれません。」（安部修仁「私の履歴書㉙」日本経済新聞2016年9月26日）

吉野家にとって、オーストラリア産牛肉にシフトした牛丼は「元祖牛丼」ではない。吉野家が掲げる「牛丼一筋80年」は「アメリカ産バラ肉丼一筋80年」でなければならないのである。

翌2005年（平成17）2月11日、吉野家は国内の流通在庫をかき集めて、1日限りの「牛丼復活祭」を全国1000店で開催し、150万食分を数時間で完売。その後、厚労省が月齢20か月以下のアメリカ産牛肉を解禁する。しかし、必要量の確保はままならないとして、翌2006年（平成18）9月に1日限定100万食の「牛丼復活祭」を開催するのにとどめた。

満を持して元祖牛丼の24時間販売が再開されるのは2008年（平成20）3月、アメリカ産バラ肉の調達のめどがついてからだった。この間5年間、吉野家は豚丼を中心メニューに据えて、業界

2位を守りつづけるなかで、2006年2月期には黒字回復を果たしたのだった。

それを支えたのは、いうまでもなく豚丼であり、その相当量は田邉がデンマークをはじめとするヨーロッパの大手ポークパッカーから輸入したものであった。

なお吉野家の受難を支えた豚丼は2004年3月に初登場したあと、2011年（平成23）12月にいったん販売を終了したが、客からの強い要望に応え2016年（平成25）4月に復活している。

「先物買い」を武器として

さて、ここまでのところは、「鶴の恩返し」のようなうるわしいエピソードに見えるかもしれない。すなわち――

18年前、牛肉の完全自由化に備えるため田邉がアメリカで立ち上げた牛肉前処理事業にたいして、吉野家がメイン商品である牛丼の原材料を発注して助けてくれた。ところが突然降ってわいたアメリカ牛のBSE感染という「天災」で、今度は吉野家が苦境に陥って豚丼でしのがなければならなくなった。そこで、事業の主力を牛から豚にシフトしていた田邉は豚を提供して吉野家を救った……。

しかし取材と調査をつづけると、BSEと牛丼をめぐる物語は、もっともっと奥が深く感動と教訓に満ちみちている。

田邉自身は、「牛で受けた恩を豚で返した」ことに不思議な因縁《えにし》をおぼえながらも、「それは結果であって、実情はそんな単純なものではない」と、往時をこう振り返る。

BSE騒動でショートプレートが「輸入禁止」になってパニックに陥ったのは吉野家だけではなく、外食産業界全般である。たとえば大手のレストランチェーンでも、大量単品仕入れのため「国産牛肉」では対応できない。当時のアメリカからの年間輸入牛肉は26万7309トン、全輸入肉57万6299トンのうちの46％超にあたる。これが突如、「輸入禁止」になってしまったのだから、パニックどころか、外食業界で倒産が相次ぐことが危惧された。

そこで、とっさに田邉の頭に浮かんだのは、「だったら、その代替商品は何か？」であった。答えは豚肉にきまっていた。それも最有力は質と量からいって、デンマーク産の「ベリー（豚バラ肉）」と「カラー（豚肩ロース肉）」である。しかし、大手のハム・ソーセージ会社や外食産業では、原料の手当は大体2～3か月先の契約で、為替や取引価格の変動などのリスクから一般には先物手当はしていなかった。

いっぽうの田邉の「ナリタフーズ」の武器は、相場予測にもとづいて最終実需者の前に買い付けをする「先物買い（SPECULATION）」だったが、それまでそれを存分に発揮する機会に恵まれなかった。しかし、ついに過去にもそして今後もないであろう、まさに千載一遇のチャンスが到来したのである。

代行輸入的な業務しかしない通常の輸入商社であれば、この千載一遇のチャンスに対応はできなかったであろう。先に紹介したが、田邉が社員からアメリカ牛のBSE感染の一報をうけるや、すぐさまデンマークのパッカーへ電話を入れて先物を発注したのが、まさにその始まりだった。

こうして田邉による大量の「先物買い」は奏功。先買いしていた商品がいち早く日本へ到着したおかげで、「吉野家」をはじめ他の牛丼チェーン店も急場をしのぐことができたのだった。

マスコミはまったく報じなかったが、2003年(平成15)12月26日の政府による突然の輸入禁止措置を受けて、航海中あるいは港で通関待ちのアメリカ産ビーフのすべてがキャンセルになってしまった。アメリカへの返送、あるいは台湾などへの輸出変更によって輸入商社は5~7億円の損失を被ったといわれる。その大混乱の時期に代替商品となったのが、ナリタフーズの買い持ちデンマーク産の豚肉だった。もし田邉が「先物買い」をしていなかったら、間違いなく1~2か月の欠品が発生していたことだろう。それはナリタフーズの輸入実績表が物語っている。

BSEは日本では2001年(平成13)9月に千葉県で発生し国産牛肉から消費者が離れたことに加えて、それまで発生がなく、安全だったはずのアメリカで2003年12月にBSEが発生したため、日本中が大騒ぎとなった。そのためアメリカ産牛肉をメインに使用していた牛丼チェーン、焼肉店、ステーキレストラン、牛タン店などが非常に大きなダメージを受けた。なにしろ牛肉の消費者離れが戻りかけていたところに、外食の主要食材であったアメリカ産牛肉が市中から消えてなくなったのである。当然、経営が成り立たなくなった店が続出した。

牛丼復活の立役者は田邉正明？

これまでは、「わが『国民食』である牛丼がBSEで販売中止となったが、豚丼でなんとかしのいで復活。その間に吉野家と新興勢力のすき家との新旧交代が起きた」というエピソードがメインストーリーとして語られてきた。豚丼の原材料を提供した田邉は片隅の脇役にすぎなかった。

ところが田邉による大量の「先物買い」がなかったら、アメリカ産牛肉の代替が叶わなかったとなると話は違ってくる。2004年初頭から数年間にわたって起きた「BSEによる牛丼の危機と復活の物語」の主役は、実は田邉だったことになりはしないだろうか。大方の読者にとって、「牛丼復活の立役者が田邉正明」なんて聞いたこともない話だろう。仮に豚肉を主力ビジネスにしていても、おそらくちっぽけなトレーダーなのだろう。吉野家だけでも年に1000億円超を売り上げる牛丼の代替である豚丼を支えることができるものだろうか？　当然、そんな疑問を抱いたであろう。

実は筆者も同じ疑問を覚え、調べてみて驚いた。2004年から数年間にわたって起きた「BSEによる牛丼の危機と復活」の間に、田邉のナリタフーズは、日本における輸入豚肉の総重量のなんと2割〜3割近く（次ページ表1-1参照）を占めていた。三井物産や三菱商事などの超大手商社もせいぜい1割〜2割にすぎず、ナリタフーズのはるか後塵を拝していたのである。

田邉による「先物買い」がナリタフーズを急成長させ、そのナリタフーズから提供された豚肉を

表1-1 「ナリタフーズ」の豚肉取扱量

単位：1,000トン（部分肉）

年度	ナリタフーズ取扱量	前年比	輸入総重量に占める比率	売上金額（円）
2001	99		14%	348億1286万3100円
2002	125	（前年比△26）	16%	424億2786万7530円
2003	157	（前年比△22）	21%	499億1344万5688円
2004	237	（前年比△80）	27%	856億2654万9434円
2005	199	（前年比▼138）	23%	797億0326万5449円
2006	77	（前年比▼122）	11%	316億3822万1738円
2007	6	（前年比▼71）	1%	25億9636万5801円
2008	—			—
2009	—			—
2010	—			—

出典：取扱量・売上金額　ナリタフーズ販売管理ソフト集計結果
輸入　財務省 日本貿易月報

原材料にした豚丼が牛丼の復活を支え、外食産業の再生をもたらした——というミラクルストーリーが、数字の上からも浮かびあがってくる。

田邉が牛から豚へシフトしていなかったら

前述したように田邉は、１９９１年（平成３）の牛肉自由化と１９９０年前後のバブル崩壊、さらには１９９３年の冷夏による肉需要の落ち込みの三重苦に襲われ、牛肉ビジネスから撤退して豚肉にシフトする。

もし田邉がシフトしていなかったら、田邉は吉野家の牛丼と共倒れになっていたかもしれない。なにしろ牛肉を事業の中心にしていた当時の田邉の取引先の９割がＢＳＥ騒動で禁止されたアメリカ産だったからだ。

いやいや、田邉がいなくても第二第三の田邉があらわれて、相当量の豚肉を輸入して輸入牛肉の激減の穴を埋めたはずだという反論もある。

しかし、この点については食肉ジャーナリストの高橋によれば、2年、3年かければ田邉以外の輸入業者でも対処はできたろうが、後から振り返ってみると、あの緊急事態であれほど大量の豚肉をあれほどタイミングよく輸入できたのは田邉以外、大手商社の三菱商事でもほとんど無理だったのではないかとのことだった。

4 田邉は国民の生命と健康も救った？

BSE発生による輸入牛肉減を補ったものとは

BSEと牛丼の危機をめぐる秘話は、これで「完結」ではない。まことに興味深い「続編」がある。いや、これこそが「本編」かもしれない。

田邉は海外産の豚肉によって牛丼という日本人の「国民食」の危機を救っただけではない。1億2000万人の国民の生命と健康も救ったかもしれないのである。

「国民食」といっても牛丼の愛用者は国民のごく一部にすぎない。したがって彼らを喜ばせたとしても、それほどのビッグニュースではない。ところが1億2000万人の生命と健康を救った！となると次元が違ってくる。

表1-2　牛肉の消費量の推移

単位：1,000トン (部分肉)

年度	国産	輸入	前年比
2001	335	674	
2002	392	486	
2003	362	576	
2004	375	432	(前年比▼144)
2005	365	460	(前年比△28)
2006	363	461	(前年比△1)
2007	368	474	(前年比△13)
2008	380	458	(前年比▼16)
2009	377	481	
2010	375	499	

出典：国産　農林水産省　食肉流通統計
　　　輸入　財務省 日本貿易月報

表1-3　豚肉の消費量の推移

単位：1,000トン (部分肉)

年度	国産	輸入	前年比
2001	869	708	
2002	865	777	
2003	882	752	(前年比▼25)
2004	890	863	(前年比△111)
2005	871	872	(前年比△9)
2006	872	724	(前年比▼148)
2007	875	759	(前年比△35)
2008	874	817	
2009	916	702	
2010	904	752	

出典：国産　農林水産省　食肉流通統計
　　　輸入　財務省 日本貿易月報

まずは、2003年（平成15）末のBSEによるアメリカ産牛肉禁輸の前後10年間について、日本人にとって二大食肉である牛肉と豚肉の年間生産・消費量と、それぞれの国産と輸入の割合を比較してみることにした（前ページ表1-2、表1-3参照）。

すると、興味深い相関が明らかになった。

1　2003年12月末、アメリカでのBSE感染牛発覚をうけて日本政府はアメリカ産牛肉の全面禁止を決定。これを境に2004年度の牛肉の輸入総額は前年比3割超にあたる約14・4万トンもの減に。しかし、厚労省が2005年12月に月齢20か月以下のアメリカ産牛肉の輸入を解禁（さらに2013年1月には月齢30か月以下を解禁）しても、元に復することはなく微増減で推移する。

2　いっぽう輸入豚肉はどうか。同じ2004年度には輸入牛肉分の減少分に匹敵する11・1万トンを増やし、翌2005年度も0・9万トン増となるが、2006年度には15万トン近くを減らして、2003年度以前の数字に戻っている。

3　BSEによるアメリカ産牛肉禁輸騒動の最中に起きた、この輸入牛肉と輸入豚肉の動きの違いをどう見たらいいのか？

4　その答えは田邉のナリタフーズにありそうだ。前掲の表1-1「ナリタフーズの豚肉取扱量の推移」を今一度見ていただきたい。

ここからは、実に興味深いことが読み取れそうだ。前述したように、2004年度はBSEによるアメリカ産牛肉禁輸により、輸入豚肉は輸入牛肉分の減少分とほぼ同量を増やし、ナリタフーズの豚肉取扱量もほぼこれと「同期」している。注目すべきは、2004年度の輸入牛肉の減少分14・4万トンは2004年度の輸入豚肉11・1万トンでほぼ相殺されているが、その豚肉増加分の半分強がナリタフーズの増加分となっていることだ。

なお、2006年度から2007年度にかけてナリタフーズも同年は売上を激減させている。これは同年に田邉が「差額関税制度に違反して脱税をした容疑」で逮捕・立件されたことで、ビジネスが事実上停止したことが原因である（アメリカ産牛肉の輸入禁止という、過去に例のない最大の業界危機に対応して、外食産業に貢献した行為が皮肉にも「脱税行為」とみなされてしまった。その不条理とその背後に隠された不都合な真実については第3章で詳しく述べる）。

肉＝たんぱく源の喪失危機を救ったナリタフーズ

さらにこの田邉のナリタフーズと輸入豚肉との相関を別の角度から検証してみよう。先にも紹介したとおり、田邉が開拓した豚肉の主力輸入先はデンマークである。このデンマーク産の輸入豚肉に占める割合の推移を調べてみたのが次ページの表1-4である。

表1-1のナリタフーズの事業実績と、この表1-4の輸入豚肉に占めるデンマーク産の割合とはほぼ一致する。つまり食肉をめぐるBSE騒動における豚肉の輸入増は、「ナリタフーズ」の豚肉取扱量とほぼ連動している。

さて、以上の統計数値から次のことがいえるのではないか。

表1-4　輸入豚肉に占めるデンマーク産の割合とナリタフーズの取扱量

単位：1,000トン（部分肉）

年度	輸入総量	うち デンマーク産	うちナリタ フーズ取扱量	前年比
2001	708	213	38	
2002	777	239	40	
2003	752	219	56	
2004	863	267	113	（前年比△57）
2005	872	231	87	（前年比▼26）
2006	724	168	32	（前年比▼55）
2007	759	161	2	（前年比▼30）
2008	817	159	―	
2009	702	122	―	
2010	752	133	―	

出典：取扱量・売上金額　ナリタフーズ販売管理ソフト集計結果
　　　輸入　財務省 日本貿易月報

日本の食肉の需給は、2003年頃まではほぼ国産と輸入半々で推移してきた。そこへ「BSE騒動」が発生、2004年度から2006年度にかけて牛肉が減ったぶん豚肉で補うことになった。それを主要に担ったのが田邉のナリタフーズが主に取り扱ったデンマーク産ポークだった。

　ということは、田邉の豚肉ビジネスがなかったら、「BSE騒動」がおさまるまでの3年間、日本人は10万トン分もの主要たんぱく源を失っていたことになる。これは当時の日本人が消費する主要肉類の4・2％（3年間合計）にあたっており、筋肉づくりに欠かせない必須アミノ酸を十分に摂取できずに体力低下に陥ることを意味していた。したがって、これを裏返せば、田邉が1億2000万人の国民の生命と健康を救ったといってもいいのではないだろうか。

これは思いもつかない発見だった。

田邉本人は、「いやいや、ただ絶好のビジネスチャンス到来と直感して仕事をしただけにすぎない」と否定するだろうが、結果として日本人の主要たんぱく源が失われるかもしれない危機を救う重要な役割を担ったことは間違いなかろう。なによりも上記の統計数字が、それを問わず語りに語っている。すなわち、あの歴史的食肉危機のときに、たまたま田邉が牛から豚へシフトしていたことは、牛丼という国民食の危機にあった外食産業のみならず、たんぱく源の危機にあったすべての日本人にとっても僥倖《ぎょうこう》だった。

そして、それによって大いに食肉ビジネスで快進撃ができた田邉にとっても僥倖だったといえよう。

2024年パリ五輪でのメダルラッシュは田邉に負う？

さらに筆者の発想の翼が羽をひろげた。もし田邉がいなかったら、2024年（令和6）のパリ五輪で日本はあれだけのメダルがとれただろうか、と。

戦後の食生活の多様化により肉料理が家庭料理や外食のメニューに加わったことで、栄養バランスの取れた食事を摂る機会が増え、国民の健康と体力の向上にもつながった。

スポーツ庁の『平成27年度体力・運動能力調査結果の概要及び報告書』には「体力水準は男女ともに6歳から加齢にともなって向上、男子は17歳頃、女子は14歳頃にピークに達する」と記されている（図1-3）。日本は高度成長のなかで肉類の供給を順調に伸ばして国民の健康の増進と体力の向上をはかってきた。それは高度成長期における食肉の消費量の推移と幼少年期層の身長の推移を比べてみれば両者が相関していることからも明らかである（図1-4、図1-5）。

しかし、それが反転しかねない時期があった。それはBSE騒動が勃発した2004年度から2006年度にかけての3年間だ。その反転の危機を未然に防いだ一人が田邉正明であったことはすでに検証したとおりである。

その3年間に生まれ、前掲のスポーツ庁の報告書にある「体力が向上する時期」にあたるのは、男子は1989〜2000年生まれ、女子は1992〜2000年生まれにあたる。

先のパリ五輪でのメダリストで、それに該当するスポーツ選手をリストアップして田邉のナ

図1-3　加齢に伴う上体起こしの変化

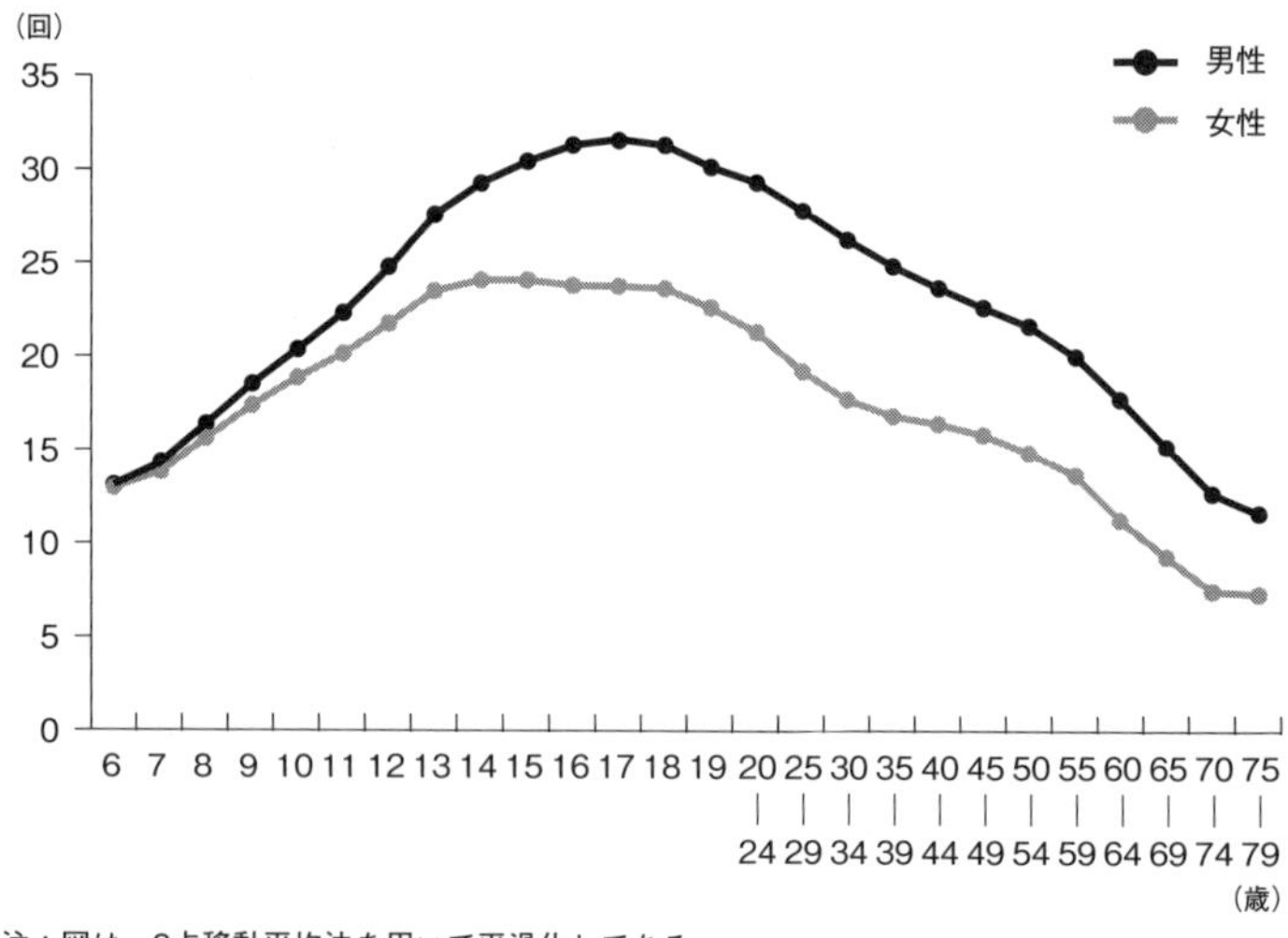

注：図は、3点移動平均法を用いて平滑化してある

図1-4　食肉消費量の推移

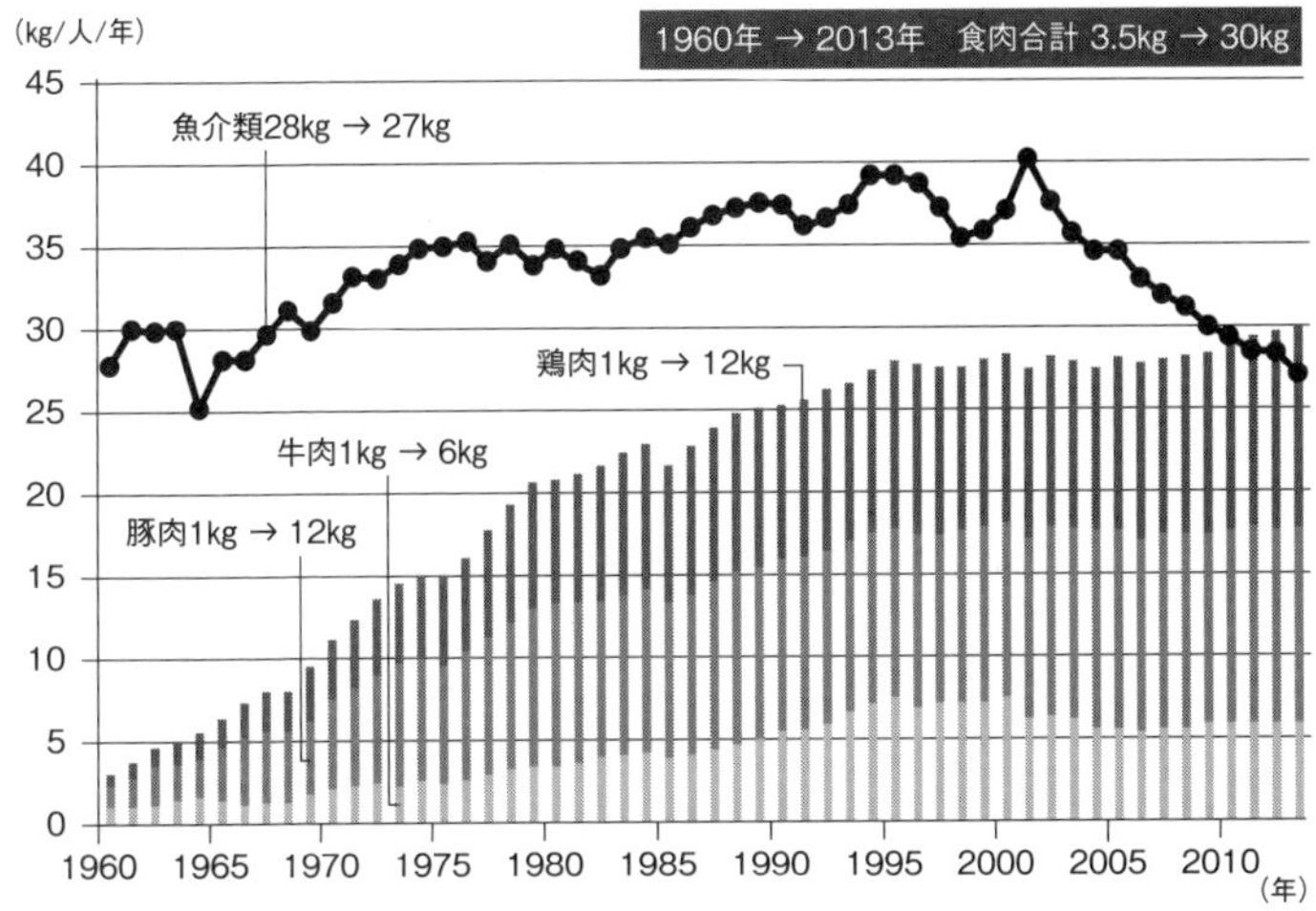

資料：農林水産省「食糧需給表」
注：重量は純食糧ベース

図1-5　日本人の平均身長の推移

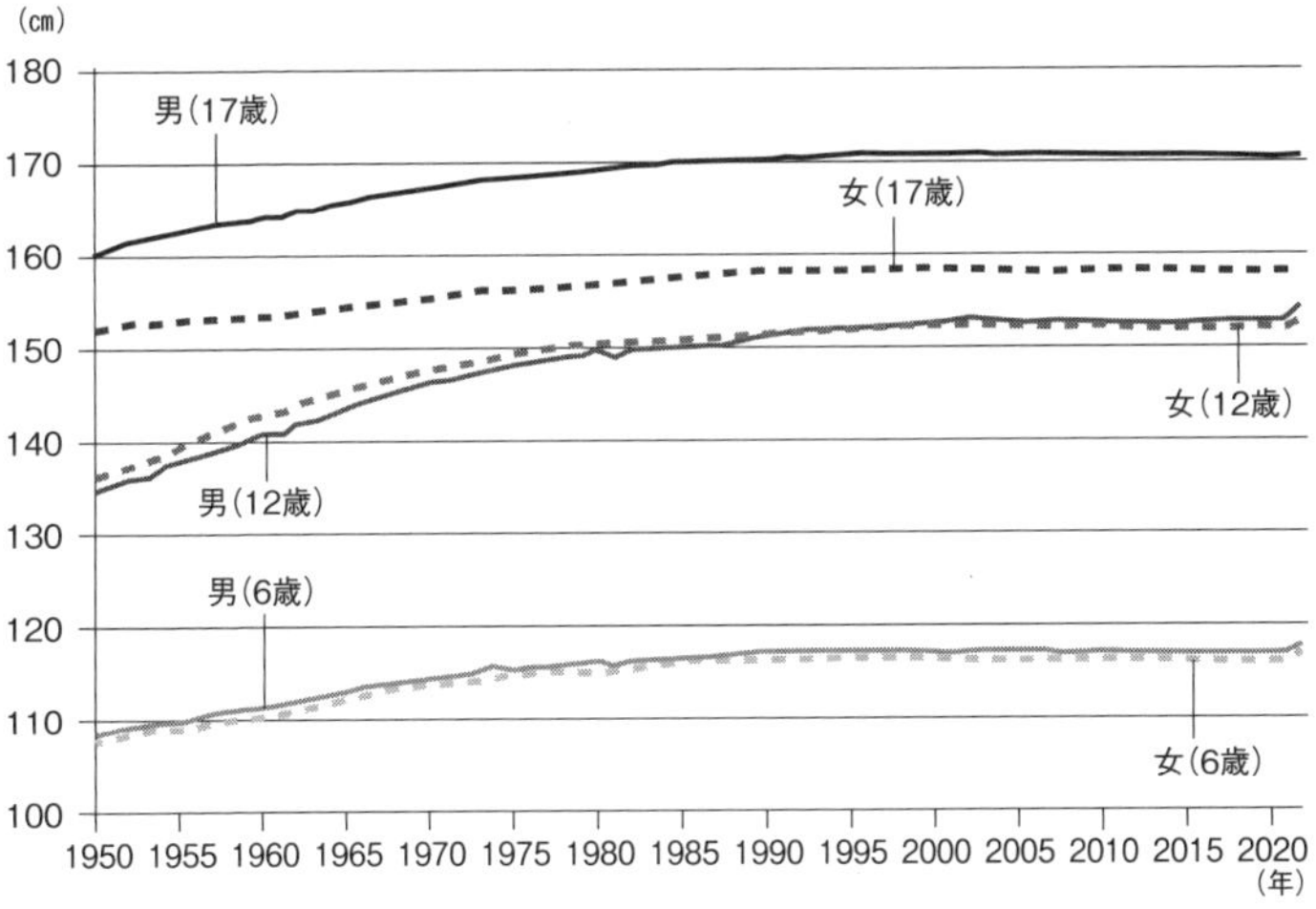

出典：厚生労働省

リタフーズの豚肉輸入量と対比させたのが下の図1‐6a・b）である。該当者は、男子では柔道の阿部一二三をはじめ、19人中13人で68・4%、女子ではやり投げの北口榛花をはじめ、8人中3人で37・5%と、男女いずれも高い率である。オリンピアン以外でも、大リーガー日本人選手（2025年）は大谷翔平をはじめ、14人中11人で78・5%と、これまた高い。

アスリートの「適齢期」が20～30歳なので当然の結果だといわれるかもしれないが、だからこそ、彼らが基礎体力をつけなければならない時期に食肉の供給が大量に滞っていたなら、その後の高いパフォーマンスは期待できなかったろう。その意味では、たまたま田邉が禁輸になった牛肉にかわって豚肉を日本へ大量かつタイムラグなしに輸入したことは、日本のスポーツ界にとっても大いなる僥倖だった。

図1-6a　BSEで米国産牛肉禁輸時期（2003～2005）に成長期にあったアスリートの活躍度

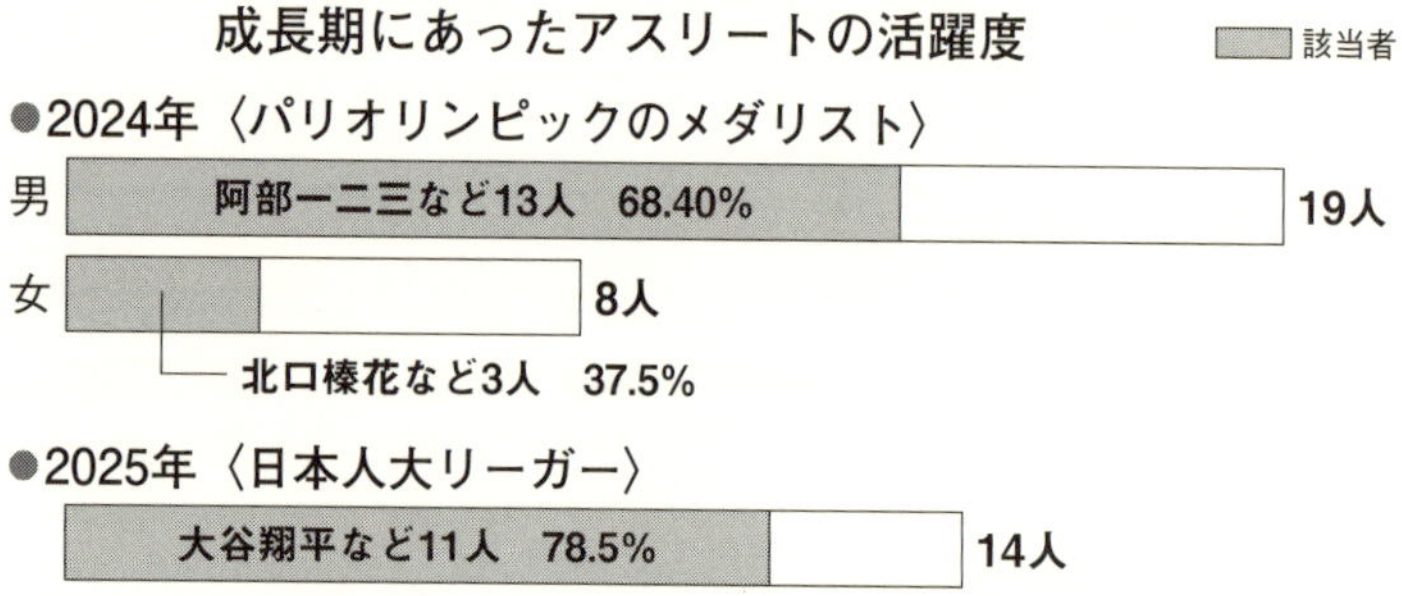

図1-6b　同時期におけるナリタフーズの輸入豚肉取扱量

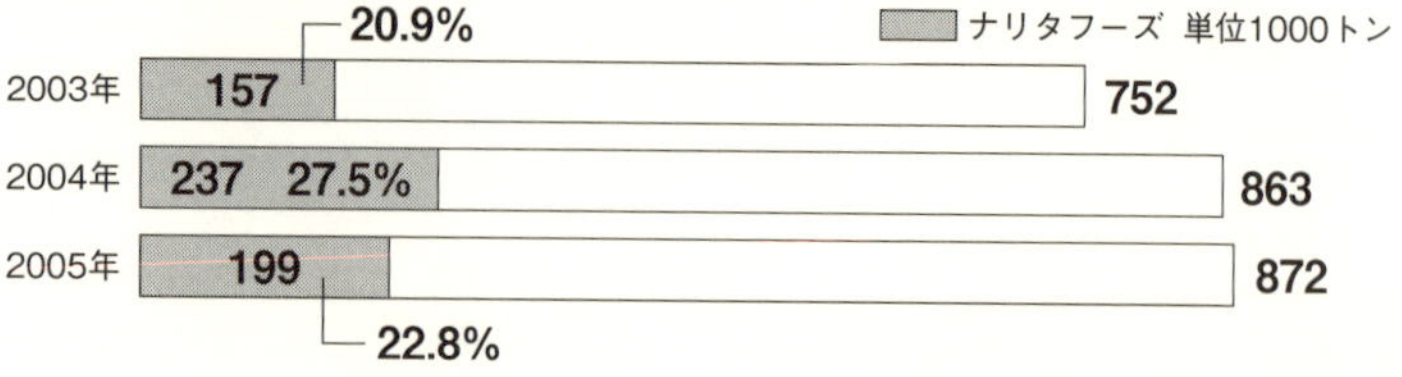

第2章

食肉業界の異端の風雲児にして革新者

1　柔よく青春を活かす

家業を運送業から畜産商へ

先の第1章では、田邉正明が読者の生活の役に立っていること、格安本格ステーキや焼肉ブーム、そして消えかけた牛丼の復活に田邉が陰で一役も二役も買ったこと、さらには日本人の健康増進と体力向上へ貢献したことなど、具体的なエピソードを挙げて紹介した。

しかし世間には「食肉の世界」は利権がらみのダーティなイメージが深く浸透している。したがって田邉が「冤罪の犠牲者」だとしても、なかなか共感をもってもらえないかもしれない。

そこで本章では、田邉のビジネスが「いかにクリーンで心躍る活気に満ちみちたものであるか」を具体的エピソードの数々をもって明らかにしようと思う。

＊

田邉正明は1946年（昭和21）6月18日、千葉県は館山市に、父・勇、母・はるの三男として生まれた。兄弟姉妹は、7歳上に長兄、5歳上に次兄、9歳上に長女、1歳下に次女、5歳下の三女の6人。

その後の田邉の履歴を振り返ると、田邉は生を享《う》けたときから食肉ビジネスを夢として追い求めることを運命づけられていたように思えてならない。

もともとの家業は戦前から馬車による運送業で、父親の復員後もつづけていたが、田邉が物心ついた4~5歳の頃、「畜産商」へ事業転換をはかる。当時の農家はトラクターや耕耘機《こううんき》の代わりに「農耕用の牛」を1~2頭飼っており、その牛の取引業をはじめたのである。しかし、新規事業はなかなか軌道に乗らず、一家の生活は窮乏した。ある日、田邉は、父親が洗面器に血を吐き出しているのを目撃してびっくりしたことがある。心労による胃潰瘍だった。

幸い田邉が小学校へ入学する1953年(昭和28)頃から事業は好転する。栃木県の酪農組合が搾乳用にホルスタイン種の妊娠牛を大量に安房地区に買い付けに来た。その購買を父親が一手に引き受けたことが契機だった。

そして、いよいよ田邉を食肉ビジネスへと誘う転機が家業に訪れる。日本が東京オリンピックで弾みをつける1964年(昭和39)、田邉が高校の最終学年になったときである。

「畜産商」の順調をうけ、父親は業態の多角化を企図する。食肉小売業の「進幸屋精肉店」をオープンさせたのだ。12、13人の従業員を抱え、館山のある安房地区では、中卸売を含め食肉流通業でいきなり売り上げトップに躍り出る。その傍ら自ら牛と豚の生産を専業とする「進幸屋畜産」を立ち上げ、牛の肥育は長兄の陸郎、養豚は次兄の道郎が分担するようになった。

田邉が小学1年生の授業中に、書式に家族の仕事を記入させられることがあった。西日本と違って地元の千葉県をふくむ東日本全般では、畜産関係者に対して差別や偏見はほとんどない。親の職業によって陰湿ないじめにあうことはなかったが、そのとき田邉は、親の職業欄に「畜産商」と書くのが恥ずかしいと感じた。往時を振り返ると、子供なりに百姓を騙して牛馬の取引をしているのが「馬喰」というイメージがあったのかもしれない。しかし、家業を恥ずかしいと思う気持ちは、父親が安房郡畜産商組合の副会長に就任、同業や取引先の農家が父親を頼りにして家に出入りするのを見るにつれ、きれいさっぱり消えてなくなった。

牛のお産に立ちあったり、牛の腹にガスが溜まったと農家から連絡があると飛んでいって獣医の代わりに処置をしたりと、父親の面倒見のよさは近所でも評判で、そんな父親を誇らしく感じたものだった。9月の八幡神社の祭礼には、地域の神輿を農家の人々が担いで田邉の家の庭先で気勢を上げ、弥栄《いやさか》と繁栄を祈願してくれる。母は近所の女性連に手伝ってもらいその接待に大わらわ。かたや父はうれしそうに担ぎ手の若い衆に酒を勧めていたことを、今も田邉は懐かしく思いだす。

血統書つきのホルスタインの雄牛を育てる

父親は、外面は頑固一徹の「明治男」だったが、内面には自然の生き物を愛でる優しい情愛をもっていた。田邉が物心ついた頃から、ウサギ、ハト、カナリア、ヤギ、犬などをどこからか連れては、「正明よ、可愛いウサギ、鳩、カナリア、ヤギたちに餌の面倒を見てやりな」と飼育係を命じた。とくに父のお気に入りは、鳥のさえずりに似た鳴き声をあげる、栃木県鹿沼市のエリアにしか生息しない「河鹿《かじか》蛙」である。妊娠牛の搬送帰りに1～2匹持ち帰ってくると、「えさは生きたハエだぞ」

と田邉に指示がくだる。幸い実家では牛を飼育していたので蝿はいくらでもいたが、生きたままつかまえるのに苦労させられた。

父親は生き物だけでなく植木も大好きだった。広い庭には、桃、柿、茱萸《しゅゆ》、無花果《いちじく》、苺、さくらんぼ、梨などが植えられていて、まさに「果物屋いらず」、田邉はそれらの水まきなどを積極的にやった。他にも、父親と生き物をめぐる忘れえぬ幼少期の「ドラマ」がある。

中学に進む前の小学校の最終学年のことだった。

ある日、父親が生後1週間くらいのホルスタインの雄牛を連れてきて、こう言った。

「血統書つきの牛なので種牛として育てる。今日からベルと呼んで可愛がってくれ」

正式には「ベルなんとか」という長ったらしい英語の血統名の「頭文字」からベルと名付けられた。生まれたばかりの1か月間は、毎朝、付近の搾乳農家に行って牛乳をわけてもらい飲ませた。離乳後は、次兄と一緒に籠を背負って、付近の畑の周りの青草を刈り取るのが日課になった。毎朝運動をさせなくてはならないので、近くの海岸へ連れていくと、ロープを付けなくても側《そば》からけっして離れようとせず、「メェー」と鳴いて追いかけてくる。そのなつきぶりに、日に日に可愛さが増してくる。

6か月くらい経った頃だろうか、父親の友人の農家のおじさんから、「種牛にはこれがきく」といわれて干乾びたなにかの切れっぱしを食べさせた。その後、次兄と二人がかりで2本のロープで引きながら海岸へ運動に連れて行くと、ベルはいつもと違って眼が血走ってグイグイと凄まじいほどの力で二人を引っ張り回して手がつけられない。実はその餌は「マムシの骨粉」だった。

その頃のベルは体格も充実して300キロくらいあったろうか。いつも海岸で出会うと喉をさすってかわいがってくれるおじさんとおばさんが、その時ばかりは興奮ぶりにびっくりして「どうしたの？　今朝のベルは？」と遠ざかったほどだ。

そして育てはじめてから10か月くらい経った頃、いきなり父親から頭をなでられて、こう告げられた。

「ベルがフィリピンへ行くことになった。高く売れたよ」

田邉少年は、思わずつぶやいていた。

「えぇ！　そんなに早く行ってしまうのかい」

朝の餌やりの後、しばらく背中から腹の近くまで丁寧にやさしく毛並を直して、顎から喉の周りをゆっくりと撫でてやると、ベルの大きな眼から涙がこぼれ落ちてきた。もちろん何も伝えていない。伝えたところで判るわけがない。明くる日、車が迎えに来た。田邉が後ろから押しても「モゥー！　モゥー！」と鳴いて乗ろうとしない。体はすでに成牛と同じくらいある。父親が前のロープで引っ張り、田邉と次兄が後ろから尻を押してもビクとも動かない。可愛がって育てただけにムチでひっぱたくこともできない。30分以上もかかって、ようやく車に乗せることができた。

ベルは悲しいのか「モゥー！　モゥー」と鳴き続けていた。

田邉にとって10か月にわたるベルをめぐるドラマは、いわば物心ついた頃からの生き物飼育の総仕上げで、今から思うと、後の食肉ビジネスの原点であった。いっぽうの父親の思いはどうだったのか？　どうも「実務教育」の一環ではなさそうだ。というのも、田邉は幼少期から父親からも母親からも「家業を継ぐように」と言われたことはなかったからだ。すでに他界しているので確かめるすべはないが、おそらく父の心中にあったのは、こんな思いだったのかもしれない。

長男と次男は、小学校時代から牛の餌やりにはじまって農家への牛の引き渡しまで家業全般を手伝うなかで家業を身体で学び取ることができたが、末の三男は歳が離れていることもあってそれができないでいる。子供たちの中では勉強もできるので、中学・高校へ、成績次第では大学へ進んで大都会で勤め人になるかもしれない、それでも生まれ育った家業がなんであったかを忘れないでほしいと。

高校進学と柔道一筋

田邉正明は中学の学業が優秀だったため、館山を中心とする南房総随一の進学校、千葉県立安房高校へ入学することができた。しかし当人としては、安房高校が東大をはじめ難関大学に多くの合格者を出していることにはさしたる関心も喜びも感じなかった。それよりも、中学時代は安房郡の中学新人大会で優勝した柔道少年であった田邉の胸を弾ませたのは、同校の柔道部が千葉県どころか全国有数の強豪であることだった。

入学時の部員は60人近くで、同期は14、15人ほど。その中には、生涯の友となる篠巻政利がいた。

篠巻は安房高校を卒業すると、明治大学を経て新日鉄の柔道部に所属。1969年（昭和44）と1971年（昭和46）の世界選手権無差別級二連覇、1972年（昭和47）のミュンヘン五輪では日本選手団の旗手をつとめ無差別クラスに出場。テロ事件で10日ほど試合が延期された影響により確実視されていたメダルを逸した伝説の柔道家である。怪我による引退後は田邉の食肉関連の新規事業に参加、今も親交がつづいている。

ところで二人を結びつけたものは何だったのか？　柔道と思いきや、篠巻によると、田邉に親しみを覚えたのは、重要な大会になると田邉の母親から差し入れられる進幸精肉店の看板商品であるコロッケがうまかったからだという。

高校柔道全国大会は準々決勝で敗退の悪夢

田邉と篠巻が入学した年の安房高校は関東大会で優勝すると、全国大会では関西の強豪・天理高校に惜敗して準優勝し、田邉と篠巻の期待はふくらんだ。いよいよ2年生に上がると、田邉たちにとって待ちに待った全国大会出場のチャンスが訪れる。その年の各種大会に向けた出場選手の選抜である。団体戦出場の5人（先鋒、次鋒、中堅、副将、大将）は、60人近い部員の中から選抜試合を何度か重ねて選ばれる。田邉の時代は強者ぞろいで、5人のうち4人はいずれも身長180センチ超、体重80～90キロの重量級クラスで「正選手確定」。そのうちの1人は同級生の篠巻だった。田邉は残る1人の枠をかけて、7～8人と選抜試合を戦うことになった。その中では168センチ、

68キロともっとも軽量短軀《たんく》のため、体力的にみて圧倒的に不利だった。しかし、大方の予想を裏切って正選手の座を勝ち取ったのである。

篠巻によると、田邉はいったん畳に上がると気さくで温厚な性質が消えて、内なる「負けん気」がほとばしり出てきて鬼気迫るものがあり、勝因はそれだったのではないかという。

安房高柔道部内での最終選手選考試合では、田邉の大内刈りが勢いあまって、相手の頬に田邉の前歯が突き刺さり、そのうちの1本が折れて田邉はしばらく意識不明に陥った。次の選抜試合では、縦四方固めで相手を抑え込んで勝利をつかんだが、立ち上がると畳に血のりがある。そこには田邉の「手の甲の肉片」がまじっていた。肉を切らせて骨ならぬ相手の必死の抵抗を断った「名誉の代償」であった。

この田邉の「鬼気迫る負けん気」は、すでに前年の1年生の寒稽古での事件で証明済だった。期末試験とぶつかったため朝の5時起きによる睡眠不足から、180センチもある3年生の巨漢にかけられた大外刈りで頭部をはげしく畳に打ち付けて失神。2日ほど学校の医務室に寝たままで、目覚めた時にはなぜ医務室にいるのか記憶がない。3人の柔道部顧問の一人で生物学の教師の田留先生が自宅にやってきて詫びとともに「息子さんに柔道を辞めさせないでほしい」と懇請したところ、父親の応答がふるっていた。

「正明はそんなことでは辞めませんよ！　ご心配なく、私の息子ですから！」

父親の見立てのとおり田邉は前にもまして柔道に打ち込むようになった。この父にしてこの子あり、だった。

こうして最上級の3年生にまじって2年生では、田邉と篠巻が正選手に選ばれた。県大会での優勝につづいて関東大会では史上初の「無失点優勝」を遂げ、その勢いを駆って全国大会では準優勝を勝ち取る。翌1964年（昭和39）の東京オリンピックイヤーに田邉たちの高校柔道生活最後の年がやってくる。この年から、個人戦が重量制となって軽量級、中量級、重量級の3階級に分かれ、篠巻は重量級、田邉は中量級に選ばれた。安房高校は下馬評どおり千葉県大会で優勝、関東大会でも前年につづいて「無失点優勝」を遂げ、全国大会の団体戦に臨んだ。

しかし、このときばかりは田邉の「尋常ならざる負けん気」が逆に裏目に出てしまった。

開催地は三重県伊勢市。田邉は8月の猛暑で体調を崩し、試合前にトイレで嘔吐する状態だった。しかし教官に正直に話したら即選手交替になってしまうので隠し通した。仮に話していたとしても、父と長兄の陸郎と次兄の道郎が館山からはるばる応援にかけつけていたので、教師は「交替」を躊《ちゅう》躇《ちょ》したかもしれない。田邉は体調不良をなんとか耐えぬいて安房高校は準々決勝まで進んで、大分県の国東高校と相対することになった。

同校の戦績は九州で8〜10位なので普通なら敗ける相手ではない。ところが、いきなり先鋒の田邉が「裏」を取られて一本負けしたことで相手に勢いを与えてしまった。次鋒と副将の篠巻が一本勝ちで挽回するも、中堅、大将が一本取られ、「2対3」であえなく敗退となった。田邉はまさかの敗戦に悔いが残って、いまだにあのときの悪夢がよみがえるという。

それから40年後、この田邉の「尋常ならざる負けん気」は、「差額関税違反」をめぐって最高裁まで争う熾烈な闘いで発揮されることになる。おそらく検事も判事も、なぜ田邉正明という一介の食肉業者が、ここまで国に対して、

「間違っているのは制度であって、それを犯したからと『処罰』するのは本末転倒。自分は『被害者』であって『犯罪者』は国である」

と盾突くのか。田邉の高校時代の柔道の戦いぶりを知ったら、それは生来のものだときっと納得することだろう。

柔道と勉学の両立ができるのは家業の支えのおかげ

高校に入ってからの田邉は、家業の手伝いをほとんどせず、柔道と勉強に専念することができた。それはひとえに家族の理解と支援のおかげで、いつかはそれに報いなければならないと思うようになった。その思いをいっそう強くしたのは、長兄・陸郎からこんなエピソードを聞かされたからだ。長兄は少年時代から柔道をしたかったが、父親が馬車運送から畜産へ事業を切り替えたばかりで道着を買う金もなく、柔道どころか高校進学も諦めて中学を卒業すると家業の担い手になった。だから見果てぬ夢の柔道を末弟に託して応援しているというのである。

そんな兄のことを思うにつけ、田邉は高校卒業を前にして、兄たちとともに家業を手伝うべきか大いに悩んだ。いっぽうで中学時代から夢みていた大学進学の思いがつのった。それは、中学高校

6年間一緒で、学業では学年トップを譲ることがなかった親友の影響だった。その親友は東大に現役合格して核融合の研究者となるが、田邉は早稲田一本でいくことにした。早稲田に進学した安房高校柔道部の先輩に、ある日六大学野球の優勝決定戦となった早慶戦に招待され、その興奮のるつぼに飲み込まれてしまったからだった。

幸い両親からは「家業を継ぐように」と言われていないことを奇貨《きか》として、一切相談もせずに早稲田の受験を決めた。

2 上京、帰郷、そして旅立ち

早稲田大学で「柔道と学問」の両道めざす

田邉は持ち前の集中力で猛勉強、その甲斐あって早稲田大学第二政経学部経済学科にみごと現役で合格した。

入学してみると、同級生の多くは将来について、当時人気の上位を争っていたマスコミや商社に入って活躍する夢を語っていた。田邉も新聞記者や商社マンに憧れはあったが、所詮は同時代の若者たちが騒いでいる「他人事」でしかなかった。とにかく「大学を出たら家業を手伝って恩返しをする」のが「自分事」だと思っていたからだ。その思いの裏には「母親への報恩」がある。実はこちらのほうが大きかったかもしれない。毎朝4時に起きて2000～3000個ものコロッケを揚げて稼いだ金で、毎月3万円もの仕送りをしてくれていることには、何としても報いたかった。

というわけで、田邉の気持ちは、入学前から「館山に帰って実家の進幸屋畜産を兄たちと盛り立てること」で決まっていた。それもあって大学1年の時から、日経新聞の市況欄で牛肉と豚肉の価格を確認するのが日課になっていたので、周囲の同級生たちからは「変わったやつだ」と思われたに違いなかった。

入学すると迷わず柔道部の門をたたいた。高校と同じく「柔道と勉強の文武両道」の毎日が始まったが、途中から突然事情が違ってしまった。高校3年の後半に痛めた腰の古傷が悪化して過度な練習ができなくなり、プレイングマネージャーへの転向を余儀なくされたのだ。しかも、監督をさしおいて団体戦のメンバー構成や作戦を立て、さらには全国の高校を行脚して有力選手をリクルートするなどして才覚を発揮。これが後の食肉ビジネスのネットワークに大きな役割を果たすことになる。

やがて「柔道と勉強の文武両道」に区切りをつける時がやってきた。1968年（昭和43）11月2日、最終学年の大学4年生で出場した第20回全日本学生柔道選手権大会軽中量級（63～70キロ）決勝トーナメントだった。

田邉は準決勝まで進んで中央大学の津沢寿志に敗れ、3位決定戦にまわるが、そこで福岡工大の園田義男（4段）に勝利して全日本学生軽中量級の3位になった。

ちなみに準決勝で敗れた津沢寿志は1971年（昭和46）の世界選手権でチャンピオンになり、後に母校中央大学の師範を務める。3位決定戦で田邉が勝った園田義男は1969年に世界選手権で優勝、後に「ヤワラちゃん」こと田村亮子を育て、オリンピック女子軽量級3連覇の偉業の影の立役者となる。田邉は、これを最後の「花道」に、「柔道と勉強の文武両道」に別れを告げ、「食肉ビジネスの道」へと転進する。

再燃した次兄との苛烈な確執

田邉正明は1969年（昭和44）、早稲田大学の第二政経学部と柔道部を卒業すると、家業の経営の末端に加わるべく千葉県は館山へ帰郷した。そして、父親にこう宣言した。

「兄弟3人が協力しあって家業のビジネスを拡大発展させてみせます」

もちろん父親は喜んだが、いざ戻ってみると、想像をはるかに超えた厳しい現実にいきなり直面して、絶望の淵に立たされた気分になった。

そもそも「進幸屋畜産」の実態は一つの経営体の体をなしていなかった。精肉店は長兄の陸郎に、養豚業は次兄の道郎に実質的に資産分けされており、三男の正明は大学の経費を払ってやったのだからと「お礼奉公」の無給扱いで、経営首脳としての居場所は用意されていなかった。

両親としては、かねてから長兄と次兄の折り合いが悪く、それが家業の伸長を阻害しないよう三男に仲介してもらいたいと願っていた。いっぽうで、内心では、仲介はまず無理なので、三男には他で仕事を見つけて欲しいと思っていたかもしれなかった。

実家に戻ってきて改めてわかったが、会社が二つに分裂している状態では、とてもではないが両親の意向に添えそうになく、ましてや家業の飛躍的成長など望むべくもなかった。それでも長兄と次兄の間を取り持とうとつとめたが、逆に火の粉が田邉の足元に飛んできて、中学時代からの次兄との確執が再燃してしまった。

その確執とは、かれこれ10年ほど前、田邉が中学2年生の中間試験の数日前に起きた事件だった。何が理由で何がきっかけだったか記憶にないが、口論のあげく次兄はとんでもない所業に及んだ。目の前で田邉の学習机にあった教科書とノートをすべて焼き捨ててしまったのである。抵抗しようにも当時の田邉は12歳か13歳、次兄は5歳上の17歳か18歳。学校で習ったのか柔道の心得があった。体力でも腕力でもとてもかなわない。田邉は教科書とノートが焼かれるのを立ち竦んで呆然と見守るしかなかった。その時、頭の中に台所の包丁が浮かび、自分が家族の犠牲になって次兄を亡き者にしてしまえば、穏やかな家庭がもどってくると妄想したことを今でもはっきりと憶えている。

中学校の担任に事情を話したところ、別のクラスの女生徒からノートを借りてくれ、中間試験はなんとかクリアすることができた。

とにかく次兄の家庭内暴力は手に負えず、一家の悩みのタネだった。

いちばんターゲットにされたのは長兄で、なにかというとからまれて最後は取っ組み合いのけんかになった。長兄についで狙われたのは田邉の5歳下の妹で執拗な嫌がらせをうけ、祖母にも累《るい》が及んだ。三男の田邉は年下すぎたからか、それまではめったにいじめられることはなかったが、「教科書とノート焼き捨て事件」がきっかけで日常的に被害にあうようになった。

それ以降、田邉は次兄には負けない男になろうと決意、柔道の稽古に励むようになった。その結果、高校時代には団体で全国準優勝、大学時代には全日本で個人3位にまでなったのはすでに述べたとおりである。今から思えば、その後の田邉の成長と飛躍にとって、次兄は「反面教師」の役割を果たしたことになる。しかし、当時は（いや、今でも）そのように客観化できるゆとりはなく、この悪夢の環境から1日でも早く脱出したいという気持ちがつのるばかりだった。

この次兄による日常的な家庭内暴力について、周囲では、親からあまり可愛がってもらえなかった〝ひがみ〟によるものだと思われていた。叔母たちによると、幼少期からなにかにつけて長兄は誰からも可愛がられ、次兄は二の次にされる。そのせいなのか、次兄はすぐにひっくり返って泣き出すと誰かが抱いてあやすまで泣きやまず、手がつけられなかったという。

しかし、世の中の次男や次女がみなそのようになるわけではない。往時から60年以上が経つが、なぜ次兄とのあいだにあれほど苛烈な確執が起きたのか、田邉自身はいまだに答えが出せないでいる。

家業から身を引き、生まれ育った故郷を離れる

長兄と次兄の間を取り持とうとしたが、結局は修復どころか次兄との確執を再燃させ、かえって

兄弟間の対立を深めてしまった。

このままでは、家業は飛躍的成長どころか分裂をおこして、最悪の場合は倒産し、一家は離散してしまうかもしれない。田邉に期待されたのは「かすがい」だったが、「くさび」になる可能性が高い。田邉は悩みに悩んだ。

最高学府にまで行かせたのだから、そこで学んだ知見を大いに生かして、きっと家業を大きくしてくれる。これで「安楽な老後を送れる」と、父も母も、三男坊に大きな期待を抱いていることを自身もひしひしと感じていた。親孝行はしたいし、しなければならない。しかし、このまま館山の実家にとどまりつづけたら、かえって両親を悲しませる結果を招きかねない。だったら、ここは家業から身を引くしかない。最終的に田邉はそう決断した、

実家にもどってわずか半年たらずの1969(昭和44)年8月、田邉は再びもどることはないとの決意をもって生まれ育った故郷を離れたのだった。

3 ゼンチク時代

めざすのは牛肉を基軸にした食肉ビジネス

田邉正明は、「兄弟3人による食肉の共同事業に未来の展望はない」と見切りをつけたものの、

次の仕事先がはっきりと決まっていたわけではない。とりあえず伝手《つて》として頭に浮かんだのは、つい半年前、卒業論文「牛肉、豚肉、鶏肉の生産と流通に関して」になんとか合格点をつけてくれた、統計学の第一人者でもある政経学部の小林茂教授であった。

ちょうど小林教授は三井物産と共同で進めていた「ブロイラーの種鶏から肥育・食肉処理・販売までの一貫システム」を完成させたばかりだった。そのつながりで教授から三井物産の関連会社である「第一冷蔵」の清水専務を紹介された。早速、所沢にあった同社のブロイラー鶏肉処理工場に清水専務を訪ねた田邉は、面談がはじまるなり断りの理由を考えていた。自らがめざしているビジネスは鶏肉ではなく、牛肉を基軸にしたいという思いが強くあったからだった。

それにしても、なぜ田邉は、恩師の顔をつぶすかもしれない危険をおかしてまで牛肉にこだわったのか？　後の田邉の食肉ビジネスの基本を支えるものが何かを知る重要な手掛かりとなるので、しばし脇道へ入って補足をしておこう。

田邉が早稲田大学第二政経学部経済学科で学んだ中で、卒業後も仕事に大きな示唆を与えてくれたのは、久保田明光教授による「農業経済学」の授業の以下のくだりだった。

「産業革命が生んだオートメーションによって大きな格差が農業と工業に生じたが、農業で生産する食品は人類にとって『必要不可欠』の産品であり、国は絶対的に農業を保護しなければならない」

「主要穀物、とりわけ米については一人が一日で食べる量は限られている。収入が多くなっても米に対する支払いは増えない。肉類でも鶏や豚は同じである。このような食品は、『所得弾力性の低い食品』あるいは『価格弾力性の低い食品』である。牛肉は経産牛、オーストラリア産グラスフェッド牛、アメリカ産肉牛、和牛と品質が多様である。若いサラリーマンは安い牛肉で我慢するが、裕福な家庭は和牛ですき焼き。収入によって牛肉の等級が異なる。『所得弾力性の高い、価格弾力性の高い商品』である」

先の小林茂教授に提出した卒業論文「牛肉、豚肉、鶏肉の生産と流通に関して」では、この久保田教授の言説を援用して、こう結論づけた。

「豚肉と鶏肉はエサとなる穀物を輸入して『肉』に変えるだけの加工業にすぎない。しかし『牛』は基本的に『草食動物』であり、生産コストを低くすることが可能である。しかし日本の『牛』は濃厚飼料を短期的に与えて、早く市場に出荷する経済的動物になってしまっている。『草食』動物としての『牛』の本質を活用しながら、まだまだコストを下げることができるのではないか」

実は、この卒論は館山の家業「進幸屋畜産」の経営に加わるときにぜひ試してみたいと思って書いたものだった。いまや「絵に描いた餅」になってしまったが、田邉はまだまだ諦めてはいなかった。それどころか、この先、どこかにしかるべき居場所を見つけて、なんとしてもチャレンジしてみたいと思っていたのだった。

食肉専門の最大手商社ゼンチク入社。貿易部の営業マンに

田邉は「第一冷蔵」をどう断ろうかと「言い訳」を考えていたところ、応接室の壁に牛と豚のイラスト入りで描かれた「三井物産畜産グループ」の図があり、その中に「全国畜産株式会社」という社名があった（同社は翌1970年に「ゼンチク株式会社」と社名を変更するので、以後表記は「ゼンチク」とする）。

思わず、「どういう会社ですか？」と訊ねると、日本一の食肉卸会社だという。にわかに関心をおぼえた田邉が、無礼を承知で仲介を依頼すると、「友人の広瀬俊雄という男が常務として同じ三井物産から出向しているから」と紹介してくれた。

なお、「全国畜産株式会社」は1948年（昭和23）、全国畜産協同組合を母体に発足。1955年にオーストラリアから冷凍牛肉の輸入を始める。田邉が広瀬常務を訪ねた翌年の1970年（昭和45）に社名を「ゼンチク」に、さらに1999年（平成11）に「スターゼン」に変更（世界に雄飛する総合商社の雄、三井物産との資本提携が公にされるのは2016年〈平成28〉からである）。2019（平成31）年現在の社員数は2566人で、この時点でも1000人を超える日本有数の食肉卸会社であった。

さっそく同社に広瀬俊雄常務を訪ねたところ、財務担当役員の裁量で「本社の財務・経理部門で採用しよう」と言ってくれたが、田邉はそれをありがたく受けるどころか、またまた無礼を承知で

「営業を希望します」と返した。

広瀬常務は「うちの営業は豚枝肉を担いで得意先をまわるタフな肉体労働だよ」と応じたものの、しばし無言の田邉の内心を察したらしく、「おおそうだ、最近、貿易部の営業マンが辞めるらしい」というなり、中山貿易部長に電話を入れて即決採用となった。

もし田邉が最初の紹介者である大学の恩師の顔をつぶさないようにと忖度して「第一冷蔵」に就職していたら、あるいは「ゼンチク」の広瀬常務の勧めるままに経理・財務担当を受けていたら、その後の食肉ビジネスマン・田邉正明の活躍はなかった。

今から振り返ると、「運」と「縁」で繋がっている人生の不思議なあやを思う一方で、無礼を承知で牛肉ビジネスへのこだわりを自己主張したのは〝正解〟であった。

通関止めと「ジョニーウォーカー黒ラベル」の効用

こうして田邉正明は、食肉専門商社の最大手の「ゼンチク」で食肉ビジネスのスタートを切った。しかも、各種食肉の輸入業務にかかわる手続き全般を完全には習得しきれないうちに、早くも食肉業界の「闇」の一端を覗くことになった。

田邉が途中入社して3か月もたたない12月のことである。通関業務が一番忙しい時期、つまり年内に原材料の食肉を通関して顧客である食品加工業者が年内にハムなどの最終製品にできるようにする大事な時期に、ゼンチク輸入のマトンの枝肉（カーカス）が厚生省の検疫にひっかかり、7～

10日間の期間ストップという連絡が通関業者からあった。担当の営業マンから「たいへんだ！Ａハムさんとの取引が止まってしまう。田邉君、厚生省へ直ぐ飛んでいけ！」といわれ、すぐ横浜の通関業者と厚生省衛生課へ「願い書」を持参して懇願した。しかし、「決定事項だから通関は年初めになる」とそっけなく断られて貿易部へ戻ると、中山貿易部長に呼ばれた。配転命令を覚悟したが、こう命じられた。

「田邉君、今からデパートへ行ってジョニ黒を買って、横浜の厚生省衛生課の所長に持っていきなさい。ゼンチクの中山からだと必ず伝えること！」

「ジョニ黒」とは「ジョニーウォーカーの黒ラベル」の略で、今でこそ2000円ていどで庶民の手にも届くが、60年近く前の当時は約1万5000円、現在の物価に換算すると10万円にもなる。田邉のような駆け出しのサラリーマンはもちろん、一流企業の部長クラスにとっても高値の花の超高級ウィスキーであることを、このときはじめて知った。

田邉が部長の指示を忠実に実行して夕方近くに貿易部のオフィスに戻ると、なんと許可が下りていた。

年が明けての仕事始めに通関業者から、その所長は業界では有名な「たかり屋」で、業者がハイヤーを手配して妻の買い物のアテンドをして代金をすべて支払っていると聞かされた。田邉は、薄汚れた空気にだんだん染まってしまうのではないかとの不安に襲われた。

オーストラリアへ。日本人向けの特別肥育牛の生産に取り組む

しかし、田邉の不安は、幸いにも杞憂《きゆう》となった。入社してわずか3年だったが、オーストラリアに海外支店の必要性を進言、自分自身を売り込み、最初のオーストラリア駐在員に抜擢されたからである。そこは、明るい別天地だった。当時のゼンチクの営業マンは商店街の通りを枝肉を担いで肉屋の店先まで届けていたので、しばしば買い物に来た主婦たちに驚かれて避けられた。それがいやで辞めたがる社員もいたことからすると、幸運この上なかった。

ゼンチクは1955年（昭和30）にオーストラリアから冷凍牛肉の輸入を始めたことから同地に根をはっており、田邉はオーストラリアで新しい食肉ビジネスのノウハウを存分に吸収することができた。

週に一度、日本向けの食肉の品質をチェックするために食肉加工場へ車を飛ばしていた。広大な牧草地のところどころにはガムトリー（ユーカリ）が生えていて、オウム以外は名も知らない鮮やかな色彩の鳥が飛び交っているのを見かける楽しいドライブで、日本では考えられないことだった。

オーストラリア人のことだから、どうせおおざっぱだろうと思いこんでいたが、当地の食肉加工場は日本よりもはるかに綺麗で衛生的で仕事もしやすい。アメリカに輸出するためには米国農務省（USDA）の厳しい基準を順守しなければならないからだ。たとえばカット処理する肉芯の温度、ナイフを洗う湯の温度、もし不純物が混入していたらコンテナ内の肉は廃棄など、すべてにわたっ

て管理が徹底している。

さらに田邉にとっての収穫は、大学の卒論で「『牛』は基本的に『草食動物』であり、生産コストを低くすることが可能である」と記して、いつかしかるべき居場所を見つけてチャレンジしてみたいと夢見ていたが、そのヒントを得たことだった。

ある日、オーストラリアの主要取引先である大手パッカーのタンクレッド社の取締役が牛を買い付けに行くというので同行させてもらった。午前4時半に双発機に乗り約2時間ほど西へひたすら向かい、草がまばらにしか生えていない砂漠に近いところへ降りると、トラックに乗り換えさらに西へ。途中で野生の豚の死骸を見かけた。草地を荒らすので現地の人が鉄砲で撃ち殺したのだという。やがて薄い砂埃のようなものが見え、しばらく行くと牛が1000頭近くも群れていた。この環境では充分な草もなく牛たちは痩せこけていた。その牛たちのはるか彼方の地平線にそれまで見たこともない巨大な太陽が沈む光景は圧巻だった。

日本では牛肉はご馳走で高いものというイメージがあるが、オーストラリアでは違う。牛肉はラムや豚肉よりも安く毎日のように食べる。ここの牛肉は自然の大地に放牧してほとんど人手をかけない。いってみれば「自然の草」そのもので、極論すれば、野草や川の魚を釣って食べるようなものなのである。

オーストラリアの牛肉の多くはアメリカに輸出され、ほとんどがハンバーガー用であることがこれで理解できた。

いっぽうアメリカでは、「特別肥育（フィードロット）」といって、放牧されていた牛を一か所に集め、コーンなどの濃厚飼料を集中的に与えて短期に肉質を一定にさせる方式が一般的である。日本の商社もアメリカをまねて、1972〜73年頃から、この「特別肥育」をオーストラリアで日本向けに始めていた。田邉もゼンチクの現地駐在員として、当地で脂身の入った肉を好む日本人に向けた特別肥育牛の生産に取り組み、その後アメリカでも挑戦することになる。

「オイルショック」で牛肉輸入全面禁止

田邉にとって明るい別天地のオーストラリアだったが、突然「明」から「暗」へと反転、食肉ビジネスの怖さを思い知ることになる。

1973年（昭和48）10月に第四次中東戦争が勃発、原油価格はわずか3か月の間に約4倍に引き上げられ、世界経済は大幅なインフレと深刻な不況に巻き込まれる。欧米先進諸国に比べて中東の石油への依存度が高い日本経済は大きく揺さぶられ、戦後最大の試練に直面することになった。世にいう「オイルショック」である。

これによって、国内の生産農家が輸入牛による価格下落を苦に自殺と報じられ、社会問題になった。1974年（昭和49）1月30日、日本農業新聞は、「養豚模範青年が自殺（栃木）、エサ高、肉安を苦に」の大きな見出しを掲げて、次のように報じた。

「入学研修までして、未来に大きな夢をかけてきた養豚経営の真岡市中郷地区の坂本治一さん

（26歳）が28日、その前途を悲観して妻子を残して自殺、関係者はもとより畜産農家に大きなショックを与えている。

これについて真岡普及所は『立派な農業後継者をなくした。豚の場合は経営合理化といっても限界がある。現在の餌高で安い肉価では確かに経営が難しい。早急に対策を打ってほしい』といっている」

日本も加盟する「GATT8条国」の規約により、輸入あるいは輸出をストップする場合は相手国にその理由を述べ了解を得なくてはならないにもかかわらず、農林省は国会に輸入禁止を求め、野党も含めて全会一致で可決。牛肉輸入枠が急遽、停止された。

さあ、大変。日本向けに特別肥育（フィードロット）した5000頭もの牛肉が輸出できなくなってしまった。急遽日本へ帰り、社長を含めて緊急会議をするが結論は出ず、やむなくオーストラリアへ帰ると、タンクレッド社の社長に「できる限り肥育期間を延ばしてください。日本に必ず輸出するから」と懇願しなんとか受け入れてもらった。

しかし、政府による「禁輸措置」が解かれる気配はない。その間は「針のむしろ」に座っているような気分だった。1か月も経たないうちに再び日本へもどって「輸入割当枠」のかき集めに奔走、特に築地の「全肉連」（全国食肉業務用卸協同組合連合会）の事務所へ連日のごとく通った。

当時牛肉は「輸入割当（クォータ）」の時代であり、その数量の90％は農林省の外郭団体である「畜産振興事業団」の管轄で、商社から「競争入札」で買い入れしていた。残りの10％が民間貿易として実需者団体に輸入を任せていた。その中で「全国食肉業務用卸協同組合連合会」という食肉卸商・小売商の団体が多くの「輸入割当枠」を保持しており、その本部事務所が築地の本願寺前にあって、「小野寺部長」という人物が輸入枠の実質的な管理をしていた。「築地詣で」といわれ、毎日のように商社が訪れあの手この手で「輸入割当枠」を取得するため、食事の接待、ゴルフクラブのプレゼントくらいは当たり前だった。

ありがたいことに広瀬副社長が「タンクレッド社に帰っても辛いだろう。輸出も輸入もストップなのだから東京に少しいたらどうか」と助け舟を出してくれた。ようやく特別肥育（フィードロット）の「輸入割当枠」をなんとかやりくりして帰ったのは、ほぼ50日後だった。

このとき、田邉たちも大変な目にあったが、オーストラリアのパッカーの被害のほうがより大きかったかもしれない。

久しぶりにタンクレッド本社に行って驚いた。2階の事務所にはスタッフが以前の半分ほどになっていた。親しかった輸入担当スタッフもいなかった。解雇されたのではなく、下の工場で現場仕事をしていると言われた。階下に行ってみると、周りに車が隙間もないほど駐車してあった。何事かとよくみると、階下のほとんどのスペースが食肉小売店になっており、大勢の客が押し寄せていた。2階の事務スタッフは肉の小売店やその裏でカット作業などの仕事に転じていた。後で聞いた話によると、タンクレッド社は輸出の拡大で記録的な利益を生み出したのが、一転、日本などの外国市場が暗転すると（実際には日本市場は約1年半輸入禁止）、オーストラリア国内向けに転換して小売店チェーンを全国内に展開したのだった。

これでタンクレッド社は延命できたが、大英帝国の植民地時代からの老舗の大手パッカーの多くは倒産消滅した。老舗や大手ほど緊急事態には弱い。田邉にとって、他人事ではないと実感させられた出来事であった。

大塚食品ボンカレーのピンチを救った取引

それから3年たった1976年（昭和51）、田邉が体験した第一級のピンチがこれまた第一級のチャンスへと転じる貴重な体験を味わう時がやってくる。

その時田邉は、3年間のオーストラリア駐在を終えると東京の本社に呼び戻され、海外部門の「牛肉チーム」の統括課長職であった。ただし、名刺には役職名は載せず「ビーフチーム・リーダー」とした。会社の組織としての「課長」などと役職に拘りたくなかった。。そこで食肉ビジネスの奥深さを知ることになる。

オーストラリアから電話が入った。久しぶりにタンクレッド社の社長ジェフ・タンクレッドの従兄弟で輸出部長のハリー・タンクレッドからだった。

「今、南太平洋のボルボラにいる。魚しか食べていない島の人々がコーヒーが高値で売れたというので、日本の輸入禁止で売れなくなった肩バラ肉を買ってくれることになった」という。田邉を驚かせたのは販売価格だった。日本からの輸入が禁止になる前はポンド120セントだった価格がわずか18セントだというのだ。

田邉が思わず「嘘でしょ」と返すと、相手は「アメリカへの輸出権利を取るため」だという。

当時のオーストラリアの牛肉の年間生産量は約100万トン。そのうち50万トンを国内で消費し、残りの50万トンを輸出、その大半の約30万トンがアメリカ向けのハンバーグ用だった。このアメリカ向けは、価格はよいが輸入制限枠があった。そこでオーストラリア政府が注目したのは、アメリカ以外の日本、韓国、中国などの国へ輸出した場合、アメリカへの輸出権利をポイント制で取得できるというシステムだった。田邉の取引先はそのアメリカへの輸出権利を取得したいがために、赤字覚悟の18セントで投げ売りをしたのだった。

それを知って田邉は即座に「買い」を入れた。頭に浮かんだ売り先は、大塚食品のボンカレーだった。1968年（昭和43）に発売された世界初のレトルト食品は、世界中で消費されているロングセラー商品である。ボンカレーにはオーストラリア産の「牛肩バラ肉」は必需品であった。あえてコストの高いビーフカレーにした理由は、煮崩れしづらいことと、当時高価であった牛肉を使うことで高級感を出すためだった。

田邉は、前述したオイルショック時の日本向け特別肥育牛での経験を生かして、「輸入割当枠（クォータ）」をかき集めると、「牛肩バラ肉」を2コンテナ分買い付けて大塚食品に売った。感激した担当者から何度も礼を言われたのを今でも忘れることができない。

田邉は、これを大塚食品と取引を開始する絶好のチャンスと考え、四国のボンカレー工場の仕入れ担当者に挨拶に行ったが、従来の商社との関係が強くて「新規参入」は叶わなかった。「棚ぼた」だけでは「新規開拓」にはつながらない。やはり営業は「人脈」。田邉にとって、食肉ビジネスの厳しさを思い知らされる苦い体験となった。

4 アメリカで起業

第二次オイルショックと戦後最長の不況

1979年（昭和54）7月、田邉正明は生まれ故郷の館山を脱出した時についで人生で2度目となる重大な決断をする。ほぼ10年つとめた食肉専門の最大手商社「ゼンチク」をやめ、アメリカで牛肉を日本へ輸出する新規事業（ベンチャー）を立ち上げたのである。

新会社はギリシャ神話に登場する商売の神様の名にあやかって「マーキュリーオーバーシーズ」と命名された。その具体的な事業展開と成否については、立ち上げに至る背景と経緯が奥深く関わっているので、まずはそれから先に語ろう。

そもそも田邉が大いなる決断をした70年代最後の1979年とは、いかなる年だったのか？

1月にイラン革命が勃発、これを契機に同国から撤退した国際石油資本（メジャー）が対日原油供給削減を通告する。政府の省エネルギー・省資源対策推進会議が3月に5％の石油消費節減対策を決め、ＯＰＥＣ（石油輸出国機構）が原油価格の引上げを順次開始した。さらに6月にはＯＰＥＣ総会で原油価格の約23％もの大幅引上げが決定されるなど第二次オイルショックが起きた。

一方で、１９７４年から１９７８年にかけて1ドル３００円から１８９円まで急騰する円高が進行。これにより、第一次オイルショックからようやく復調しつつあった輸出や個人消費も再び低迷。これに在庫調整、金利引上げ、財政支出抑制も加わって、景気の先行きに不透明感が増していた。日本経済は翌１９８０年（昭和55）3月から後退局面へ入り、それが底を打ったと経済企画庁が判断したのは１９８３年（昭和58）2月のことだ。当時としては、「戦後最長の不況」と呼ばれることになった。

ちなみに、不況から日本が抜け出したとされる１９８４年（昭和54）の1年間の企業倒産は2万８４１件、うち上場会社は5件、負債総額１００億円超が20件あったことからも、その後遺症がいかに深かったかをうかがい知ることができるであろう。

こうした流れをうけて、食肉・食品業界でも需要は落ち込み、長引く不況の影響による生活文化の保守化ともリンクした「飽食と多様化の時代」がもたらされる。いずれにせよ、「イケイケの時期」とは真逆で、何か事を起こすのには、けっして適しているとはいえない時期であった。

ゼンチク退社、結婚、アメリカへ

田邉がゼンチクをやめたことについて、当時ライバルだった大手商社で食肉を担当し、後に経営首脳になるNは、こう語る。

「田邉さんはゼンチクで大きな実績をあげてスピード出世した。そのままでいれば、まず役員は間違いない、経営トップも夢ではなかったのに正直おどろいた。自分だったら絶対にやめない」

それでも田邉は独立、それも日本にくらべれば土地勘も人脈もないアメリカでベンチャーを立ち上げたのはなぜか?

本人の弁によれば以下のとおりである。

1　米国で生活をして、より巨大な食肉産業の実情を把握して自分の将来の糧にしたかった。

2　結婚して1年も経たずに、母はるが突然あの世に行ってしまった。何かが吹っ切れてしまい、館山に近い東京にいる必要がなくなった。新築マンションが群がるベッドタウンから満員電車にゆられてゼンチク本社のある品川駅まで、定年までの通勤を考えると恐ろしい。

3　妻が賛成してくれた。

これには補足が必要なので、説明を加える。妻の公《きみ》とは1年前に結婚したが、JALの客室乗務員で、まだ1年しか働いていないので、もう少し勤めたかった。当時のJALは羽振りが良く、客室乗務員の送迎はハイヤーで上場会社の役員並み。給与も危険手当を含んで28万円以上である。かたや、田邉は上場会社の課長でも、部下が15人ほどの役職付きなので残業手当はなく、手取りは26万円前後と妻よりも少なかった。

それで、妻からは可哀想だからと日産の高級車をプレゼントされる「妻高夫低」状態。自分の仕事が大手の総合商社と戦っていることを自慢しても自己満足にしかならなかった。しかしその時、妻は2年JALに勤めて満足したのか、体力的に大変だったのか、米国行きに何も不安を見せず賛成してくれたのだった。具体的に給与とか生活の内容とか仕事のことなど一切聞かなかった。要するに二人で「未知」の世界をただ夢を見ていたのかもしれない。

4　「食肉トレーダー」として活躍するのに英語の能力を完璧にする必要があった。日常生活の会話には不便を感じないが、「読み書き」が不完全で、もう一度大学にでも通ってみたいと考えていた。

5　日本で一番大きな肉問屋で思う存分仕事ができて不満はまったくなかった。しかし、仕事上、絶えずリスクを背負った相場を張っていたので必ずいつか何処かで失敗し、損失を出すだろう。

6　「談合」という業界の悪しきシステムからとにかく逃れたかった。

1〜4までの理由は、当人にとっては重要かもしれないが、筆者にとって、そして読者にとっても関心と興味を引かれるのは、やはりビジネスがらみでセットになっている5と6である。

「真のトレーダー」をめざして転身

「談合からの逃避」を決断するに至る経緯について田邉はこう説明を加えている。

牛肉の自由化を12年先にひかえ、「談合」でぬくぬくと生きていくことがもはや許されない時代が目の前に来ているとの予感があった。

ある出来事によって世界が激変する時、柔軟な発想を持ち合わせていないと取り残されてしまう。過去の「ニクソンショック」「第一次オイルショック」「第二次オイルショック」「78円の最高値をつけた円高」しかり。通常の経営をしていたら大波を被って沈没していたであろうが、その時々で工夫と知恵を出して生き延びてきた。

ではわが食肉業界ではどうか？　「自由化」の荒波が押し寄せ、消滅してしまう会社も出るだろう。牛肉の「輸入割当」商社として指名されていた大手総合商社を含む36社はその恩恵を被り「無競争」の時代を享受してきたからだ。

牛肉の自由化が迫っているなか、「談合入札」によって安定した利益を会社にもたらしても、田邉自身の成長にはまったく寄与しない。

それどころかゼンチクのシェアがダントツで田邉がそのリーダーであれば、間違いなく「談合の主犯」になってしまう。あくまでも会社の方針でなく、担当部署で行っていたとなったら、会社の利益になったとはいえ、総責任者で田邉が指揮をとっていた事実は覆すことはできない。

そこで自由化前にアメリカで本場の市場を身をもって体験して、「真のトレーダー」としての経験を積むことが大事だと思うようになったのである。

「談合」にいたる前の「自由競争レース」

田邉のために弁護すると、そもそも「談合」に田邉がかかわることになるのは、おそらく1979年初頭で、オーストラリアから帰国後しばらくしてから広瀬副社長の部屋へ呼ばれたのがきっかけだった。当時は36社がまだ熾烈なシェア争いをしていた。ある事情によって「談合」が生まれるようになったのであり、その背景と経緯は以下のとおりであった。

ある時期まで牛肉を含む食肉の輸入については、お上（農水省）の管理のもとにあったが、そこに「談合」はない。参加者は限定されても、メンバー間では「自由競争」が成立していた。いってみれば全員参加の市民マラソンではなく、招待ならびに選出された選手によるマラソン大会である。

そのレースは、ゼンチクではビーフチームの「総監督」として田邉が仕切っていて、こんな具合だった。入札前日、ビーフチーム約10名の男女スタッフは準備のため付近のホテルに泊まりこむ。夜の10時すぎまで田邉がオーストラリアの各会社と折衝したのち、「まともな」価格を「入札札」に書きこむ。スタッフの楽しみは落語の「居残り佐平治」に出てくる東品川の老舗鰻屋「荒井屋」での夜食であった。

朝6時前にオフィスに集合。すべての商社がギリギリまで安いオファーを取ろうとパッカーと交渉するため、田邉も海外と最後の価格交渉。入札締め切りが午前10時。いかに麻布の事業団事務所まで速く走れるか。ある関西の商社はスタッフを競走させて「入札札の持ち込み担当」を決めた。

丸紅は、まだどの商社も持ち合わせていなかった携帯電話を持ち込んだハイヤーを手配して事業団オフィスの前に陣取り、ベストの価格を入手しようとしていた。とにかく36社、皆必死であった。

札入れが終わり、午後の発表まで落ち着かない。そして結果発表が届く。ダントツの1位の結果を持って高尾常務が即社長室へ飛んでいく。

田邉はオファーの内容、他社の状況をだいたい把握していたので、毎回おおよそ20%前後のシェアをとれると予測できていた。

当時の鶉橋康一社長がニコニコして輸入部へ来ると、「ご苦労さん、田邉さん！　これでみんなに美味しいものを食べさせて」といって財布から10万円を抜いてわたす。やはり並み居る大手総合商社の中で群を抜いてダントツな数量を落札し、特に三井物産の上に絶えずいることが社長にとっては気分がいいという話だった。

「自由競争レース」から「談合による出来レース」へ

しかし限られたメンバーによる「自由競争レース」が、いつしか「談合による出来レース」になる。それはこんな「業界の裏事情」からだった。

田邉がゼンチクに入社した１９６９年（昭和44）9月の時点で、牛肉と豚肉には輸入規制があり、入札に参加できる商社は三井物産、兼松、伊藤忠、丸紅などの総合商社に田邉のゼンチクなどの食肉専門商社を加えた16社だった。

それが牛肉の輸入量が増大するにつれて、商社枠の拡大要望の動きが広がった。噂では農水省幹部と三菱商事の某重役との「へら鮒釣り」で新メンバーが決まったと囁《ささや》かれたほどだ。しかし、実際は最終実需者である大手ハム・ソーセージ会社が、できるだけ多くのダミー会社を通じて「原料」を確保しようとして参入商社を増やしていったのではないかと思われる。

その結果、新たに三菱商事、日商岩井など20社が加わって36社にまでなった。それにより激しい競り合いを生んで、しばしば新規参加商社が「入札ゼロ」に終わることから不満が高まり、「談合」の話が持ち上がった。

それにはっきりと反対したのは、田邉の記憶によるとゼンチクのほか丸紅など4社だったが、多勢に無勢で「談合」が成立。1979年初期の頃だった。

具体的には、まず36社に一律に0・5%を割り当て、残りの82%を各社の輸入実績で塩梅して上乗せするというものだ。その結果として、平均で23%のシェアをとっていたゼンチクは13%に大幅ダウン。田邉は、これではこれまで培ってきたノウハウをどこで発揮できるのかと急に意欲が萎んでいた。ところが「談合」1回目の入札では、先物契約の残りの処理のため、割当の13%を大幅に超えた数量を落札。はからずも「談合破り」となった。毎回入札後には参加商社の課長を主体にした理事会会社の会合があった。入札のレビューと次回の数量調整を行うのだが、そこで田邉は平謝りに謝って次回で調整するはめになった。しかしこの頃には、ゼンチクを辞めてアメリカへ行きたい、行って独立しようと決心していたので、どこかにひらき直りの気持ちがあったのだろう。

13％以上の入札ができないため、本来の自由な経済活動ではない状態に毎回苛々《いらいら》させられた。オーストラリアのパッカーたちはゼンチクであれば絶対落札してくれるだろうと、魅力的な販売条件を提示してくるのに、これまでとは違って限られた数量しか応えられず、かなりのオファーが無駄になってしまうのが残念でならなかった。

1979年（昭和54）7月、ついにゼンチクを辞めると決断した最後の「談合」の入札では、タンクレッド社をはじめとするオーストラリアのパッカーたちからの先物契約在庫をすべて処理したので、当然ながら割当の13％では収まらず20％前後を落札。入札後の理事会会社の会合では、ゼンチクのダントツの落札数量にクレームが集中した。役職は同じ課長でも年齢は40～50歳とベテランぞろいの大手総合商社のメンバーを相手に田邉はこう応じた。

「申し訳ありません。いつもながらのロングポジション（先物契約）をクリアにしなければならなかったからです。私は今回の入札以降は参加しません。ゼンチクを退社することになりました。今後については皆さんにご連絡致します。本当にお世話になり、またお騒がせいたしました」

皆、一様に複雑な面持ちだった。なかにはほっと安堵した人もいたかもしれないが、ありがたいことに30人近くの有志で送別会ゴルフをしてくれた。

食肉行政の闇、「おとがめなし」の談合事件

輸入牛肉をめぐる談合はマスコミも注目し、さらには全体の統括管理者であるお上（農水省）も

問題視していた。

1988年（昭和63）8月30日の朝日新聞朝刊は1面トップに、

「輸入冷凍牛肉で談合の疑い」「高値で畜産事業団へ売り渡し」「36商社が入札調整　過剰利益年に20億円超す？」

の見出しを掲げ、全紙面の上半分をつかい観測記事をまじえてその背景を入念に伝えている。

「牛肉輸入の一元的窓口である畜産振興事業団が輸入冷凍牛肉を買い入れる際に行っている指名競争入札で、通産省から輸入商社の指定を受けている総合商社9社を含む36の商社がそれぞれの売り渡し金と価格を調整した上で入札していたとの談合疑惑が、29日までの朝日新聞社の調べで明るみに出た。事業団がこの入札で買い入れた量は、62年度だけで約12万トンにのぼっている。商社側は談合によって、入札価格を数％から十数％引き上げていたと見られ、談合による過剰な利益は、同年度だけで20億円を超すと推定される。消費者に『高い牛肉』を押し付けるとの批判が強かった同事業団の牛肉輸入制度の中に巨大な利権構造が巧妙に作り上げられていることになる。この輸入牛肉談合姿勢については、独占禁止法違反（闇カルテル）にあたる疑いがあり、公正取引委員会の対応が注目される」

いっぽう、『畜産事業団輸入牛肉業務の歩み』（1993年、畜産振興事業団）には、この朝日の報道を紹介しつつ、こう記されている。

「63年6月日米、日豪政府間合意に基づき、平成3年4月から牛肉の輸入数量が撤廃されるとともに『所要の国境措置が講じられることが決定され、事業団としても新SBSの実施等自由化に向けての円滑な移行（いわゆるソフトランディング）を最大の課題として鋭意検討を続けていた』その矢先、8月30日付の朝日新聞に『事業団が行う輸入フローズンビーフの買い入れ入札について、指定商社が数量や価格を調整した上で入札をした疑いがある』との報道がなされた」（155ページ）

その後には、こう記されている。

「これについて、36指定商社の担当部長（またはこれに準ずるもの）を招致し、注意を喚起した。さらに公正取引委員会の調査が行われる場合、事業団は当然のこととしてこれに協力する」

公的な文書に記されているということは、少なくともお上（国）も「疑わしい行為」と見ていたことになる。

しかも、もし「談合」は事実と日本の政府から認定されたとしたら、日本にとどまらずアメリカとオーストラリアを巻き込んだ国際問題に発展する。そんなことを日本政府としては容認できるはずもない。朝日新聞は上記の見出しの最後に「注目される公取委対応」と記して、司直の介入と事件化を暗に促していることは明らかだったが、関係者全員「おとがめなし」となった。

なお、朝日新聞のスクープ時に、田邉はすでにアメリカで牛肉輸出ビジネスを立ち上げており、日本での輸入業務を一切していなかったため、そもそも「談合」に対する「おとがめ」の対象外だった。

おそらくはお上による「高度な政治判断」が働いたのだろう。そこには深くて暗いアンタッチャブルな闇がある。その闇のほんの一隅が牛肉輸入をめぐる「談合」だった。

なお、後に田邉がアメリカで起業した「マーキュリーオーバーシーズ」の顧客となってくれたのは、畜産振興事業団に割当枠を持って輸入牛肉に応札していた36の商社のほぼすべてであった。もし「輸入冷凍牛肉談合」が朝日新聞が期待したように事件化していたら、田邉のアメリカでの起業もとん挫を余儀なくされていたかもしれない。

ゼンチクをやめてアメリカで起業すると決断した田邉の根っこには、この日本的ビジネス風土の宿痾《しゅくあ》というべき「談合」への不服従があったのは間違いなかった。

アメリカでの起業を決断した時、田邉の頭に浮かんだ言葉があった。

「正しいだけがいつも美しいとはいえない、義であることがつねに善ではない」

早稲田大学入学祝いの会で、母校安房高校の先輩である法学部の野村平爾《へいじ》教授から「昨日徹夜である本を読みきり多少寝不足です。是非面白いから読むように」と勧められ、以後田邉の座右の1冊となった山本周五郎の最後の長編『ながい坂』の一節である。

「ながい坂」の主人公である三浦主水正は、己れの目的を達成するためには汚水の中で汚れたふりをして時期を待つ。確たる目標を掲げ、それに到達するまでは「ながい坂」を一歩一歩進んで行く。そんな三浦主水正には遠く及ばないが、自分もこれから「ながい坂」を辛抱強く昇っていくのだと決意したことを、田邉は今もはっきりと憶えている。

「マーキュリーオーバーシーズ」の大躍進

以上が田邉がアメリカで新規事業を立ち上げるに至る背景と経緯である。では、ギリシャ神話に登場する商売の神様の名にあやかって名付けられた「マーキュリーオーバーシーズ」の具体的な事業展開について語るとしよう。

ゼンチク時代は牛肉を輸入する側だったのが、立場が逆転。アメリカから日本へ牛肉を輸出するのが、田邉が立ち上げた新規ビジネスだった。

この時代はまだ牛肉の輸入は自由化されておらず、政府の厳しい管理下にあったため、新規参入は簡単ではなかった。

そこで田邉が目をつけたのは、輸入の規制外である「内臓」扱いのハラミやサガリなどの焼肉用部位であった。それらはアメリカではメキシコ系貧困家庭が買い求める「くず肉」であったため格安で仕入れることができた。これを大量に日本に輸出することで、田邉が焼肉ブームに火をつけ、自らの新規事業にも火をつけたことは、すでに第1章で述べたとおりである。

しかし、牛肉大国でビジネスを立ち上げたからには、やはり自由化商品のハラミやサガリを主力商品にしたかった。だが相場も高く、なかなか参入できない。

そこで着目したのは、あまたある日本の食肉輸入商社の注文を束ねて、大きなボリュームにまとめあげて、それをもってご当地アメリカの有力パッカーと交渉、よりいい肉をより安く手に入れようという作戦だった。なぜならアメリカの生産量は日本の輸入量とは比較にならず、一社の注文ではで相手にされない状況にあったからだ。その作戦に乗ってくれたのは、最後の「談合崩し」をやらかしてゼンチクをやめた時に「送別ゴルフ会」をしてくれた商社マンの「有志」たちだった。まさか彼らがアメリカへ渡ってからの大事な顧客になるなど想像もしていなかったが、このときほど「人の縁のありがたさ」を感じたことはなかった。

それが効を奏し、わずか3年たらずで田邉のマーキュリー社は日本向けのアメリカ産牛肉の売上で5割前後を取り扱うまでになる。

おそらく新参者の活躍ぶりが不思議でならなかったのだろう。ある日、取引先の大和銀行（現りそな銀行）ロサンゼルス支店長に食事に招待され、〝事情聴取〟まじりのこんなやりとりをした。

「田邉さん、どうして起業して間もないのに、大手、それも名だたる兼松、三井、三菱、伊藤忠などに売れるのですか？　彼らは何十年も前からシカゴやロサンゼルスにオフィスを構え、昔から取引をしているはずでしょう」

いい質問だ！　田邉はすかさずこう返した。

「支店長！　アメリカと日本の取引量の違いですよ！　たとえば私の取引しているＩＢＰは全米の牛肉取扱高のなんと3割のシェアを持っていて、1日に3万頭を処理している。かたや日本全体でも6千頭前後ですよ。販売部長のジム・シェリーは1週間に１５００コンテナで3万トンを売りさばいている。だから三井物産から2コンテナ40トンの引き合いが来ても電話にも出ない。いっぽうで、私のマーキュリー社は古巣のゼンチクや日ハムなどの日本の商社の引き合いを直接ジム・シェリーと話して請けてもらえる。ところが、ほかの商社は女性の秘書をつかってアメリカのトレーダーから仕入れているから、どうしても割高になるだけでなく、時には物が手に入らないことさえある」

以上のやりとりで大和銀行ロサンゼルス支店長は腑に落ちたようだった。

成功の因はIBP INCとの取引にあり

田邉のアメリカでのビジネスの成功のおおもとはIBP INC（以下IBP）との取引にあった。田邉がアメリカでビジネスをスタートしたときに心掛けたのは、

1　在庫は持たない。

2　マーケットを充分に把握して、必要な時には勝負する。

3　仕入れが重要であり、仕入先は売り先顧客よりも大事にする。

であったが、仕入先にIBPを選んだことが「成功の始まり」であった。

田邉はアメリカという巨大な食肉市場の代表であるIBPに育ててもらったといっても過言ではない。育ててくれただけでなく重要な仕入先であり、パートナーの役目を果たしてくれた。それによって田邉のマーキュリー社は、牛肉の対日輸出の5割超というゆるぎないシェアを築くことができたのである。

田邉がIBPから得たものはそれだけではない。ビーフビジネスの基本と王道を体得させてもらったことである。IBPが得意先用に制作した20分ほどの企業紹介ビデオによると、同社の概要と理念と基本ポリシーは以下のとおりである。

1　牛の買い付けは、アメリカ国内にバイヤーを50名以上配置して一斉にサテライトを利用して一定の価格を指示して行う。すべて1日3万頭の支払いはキャッシュ。

2　規格の徹底管理。どこの工場でも同じ商品を作ること。

3　各部門、たとえば各営業部門はそれぞれ予算を設定して、予算を超えて利益が出た場合は特定の割合で社員に還元。

4　それぞれの価格は毎日の朝のミーティングで設定して、必ず部門別の責任者に確認をとる。ワンマンプレーは許されない（後に田邉が日本で設立したポークビジネスのナリタフーズでも、毎日の朝のミーティングはIBPを見習った）。

IBPから田邉がうけた恩恵ははかりしれないが、上記のなかでも「2　規格の徹底管理」が重要であった。それはアメリカ牛肉マーケットでナンバーワンであることから由来する、いってみれば「大はビジネスのすべてを兼ねる」にあった。それを田邉が思い知ることになった出来事がある。マーキュリー社を立ち上げて数年して、日本へ出張したおりに大手ハム会社の幹部に会ったところ、たまたま彼の会社が取引している大手パッカーのスイフト社への苦情に話が及んだ。スイフト社とはシカゴに本社がある名門食肉会社で、今から60～70年前の米国食肉業界では超一流の会社であった。

「まったくスイフトはだらしがない。クレームの話をしても、のらりくらり、もう彼らからは買わない！」

「何が問題だったのか？」と田邉が訊くと、

「スイフト社のテンダーロインは緩慢凍結でドリップがべったり。あれではお客が怒るよ！」

「なんでか、わかる？」

「管理がいい加減なんでしょう」

「いいや、そうじゃない。日本向けにあまり輸出していない会社のテンダーロインは決して買ってはいけない」

そこで田邉は、

「なぜなの？　田邉さんはＩＢＰを売りたいから、そう言うんでしょう」

「いやいや、そんな下心で言ってるんじゃありません」

と返し、こう解説をした。

アメリカの基本的なマーケットは99％国内市場向け。当然、チルドホールディンググルームに保管して売りにかける。しかし2〜3週間国内で売れないとわかると、輸出担当に依頼する。もうすでにドリップが回っており、売り先が日本に決まってから凍結を始める。ところがＩＢＰは違う。日本の契約が決まってから生産に入り、凍結する。この違いを日本の顧客は理解していない。だから

IBPが圧倒的にテンダーロインのシェアを維持している。タネを明かせば簡単なことだが、日本のハム業界ではベテランの幹部でもその時点ではわかっていなかった。田邉は、現地の米国にて「ナマ」の情報をつかむことがいかに大事かを改めて知ると同時に、IBPを取引先にできたことにつくづく感謝した。

IBPから田邉が学んだ「1%へのこだわり」

もう一つ、IBPから田邉が学んだものがある。

IBPのピーターソン社長が持論としている「1%へのこだわり」である。大手パッカーでは1%の利益が大変な数字になる。

それを聞かされて共感したのは、ピーターソン社長が東京支店のオープンに来日してホテルのバーで歓談をする機会を得たときのことだった。

その後しばらくして、IBP245C工場（本社工場）を訪ねたら、冷蔵保存蔵に冷水撒布がされていて驚いた。その理由は次のとおりである。

以前のドライ冷却システムでは枝肉の水分の量が乾燥シュリンクして2・5%重量が減る。逆に冷水撒布であれば2・5%増加する。つまり〝いってこい〟で合計5%のパッカーにとっての増益になる。

これはUSDA（農務省）による規制緩和のおかげだろうが、よくスーパーなどの顧客が同意したものだ。

この方法によって48時間の冷却期間が24時間になり、保冷倉庫が半分ですみ、販売も1日も早くなり、現金の回転もすこぶるよくなる。ピーターソン社長は、日本で会った時にこのことを頭に描いて話をしていたのかと思い当たり、納得がいった。

この「1％理論」には余談がある。田邉がゼンチク初代鶉橋社長のお供でＩＢＰ本社を訪れた時に、社員にＩＢＰの基本的コンセプトを伝え、1％の重要さを強調していると伝えた。その頃のゼンチクはちょうど1000億円の売り上げ、3～4億円の税引き前の粗利益であった。0・3～0・4％である。当時は国産豚肉の仕入れでは日本一であった。社長も納得して会議にかけたが、広瀬副社長が真っ向から反対したそうだ。理由は「一括集中する危険」と、それを行う能力のある人物がゼンチクにはいない。危険分散してコツコツ利益を出して、その集積で会社が成り立っている。それがゼンチクのスタイルだと却下されたとのことだった。

ＩＢＰから瀬踏みされた田邉の商法と実力

田邉がＩＢＰを主取引先にできたのは、実はなりゆきからではなかった。相手から瀬踏みをされ、それに合格していたからだった。

それを知ったのは、ＩＢＰの日本事務所ができて販売部長のジム・シェリーが日本を訪問した時のことである。取引先であるニチレイのＡさんを田邉と一緒に訪ねた。

いきなりジムがAさんに質問した。

「田邉さんから買ったテンダーロインの価格を教えてくれませんか?」

「数か月前の契約」を尋ねたのである。

Aさんは戸惑って、

「田邉さん、言ってしまってよいのですか?」と訊く。

田邉はダメとも言えず、「どうぞ」と促すと、Aさんはノートをめくり返して答えた。

ジムはその答えを聞いてウインクをした。「ゴメンね」という感じだったが、1%以下のコミッションでの薄口銭の取引だったから、ジムは逆に驚いたかもしれない。

このとき、このような厳しいチェックを通して田邉を入札の代理店に決めたのだと知ったのだった。

ジムの上司IBPインターナショナルの社長は日常の売買はしていないからおそらく、ジム・シェリーからの推奨だったのだろう。その後も順調に取引をつづけられたのは、このニチレイの件が決め手になったのかもしれなかった。

日本出張の機内で知らされた愛息正太郎の突然死

こうして田邉はアメリカでの食肉ビジネスに順調なスタートを切ると、事業は異例の躍進をとげ、早々と大きな成功の果実を得ることができた。

しかし、それと引き換えに大きなものを失うことになる。

それは、田邉がロサンゼルスでマーキュリー社を立ち上げて2年ほどした時のことだった。

このころ毎年5～6回、日本とアメリカの往復をしていたが、なぜかその時は気が重く、ファーストクラスのシートに横になっても眠れなかった。2週間前に8日間ほど日本へ出張したばかりだったのに、突然、IBPインターナショナルから新社長になったばかりのマーリン・コーンが日本と韓国へ出張をしたいのでアテンドを頼みたいという要請が舞い込んだからだ。

当然断るわけにもいかず、早速、日本での取引先である日本の商社と主なハム・ソーセージ会社にアポイントメントを取りつけ、出張の準備をした。日本から帰ってきて間もないのにまたもやの日本出張に、妻の公《きみ》は寂しそうに黙りこんでしまった。前年の1980年6月16日に長女麻希子、翌年の6月20日には長男正太郎が誕生、公は育児で大変だった。毎日の買い物も、子供たちが昼寝している隙をぬすんで、一人で車を運転して素早く済ませる。それでも夫の田邉には一言もグチや不平を言わなかった。

32歳の夫が未知の外国で独立して商売をする大変さを理解していて、家庭のことまで心配させたくないという思いやりからだったのだろう。しかし、食事の後、食器を洗いながらキッチンから見える景色を眺めていて、田邉が声をかけても言葉も返さず黙々と台所仕事をしていることがあった。ホームシックだろうと思い、田邉もそっとしておいた。

JALの客室乗務員を2年ほどで辞めて22歳で結婚して翌年ロサンゼルスへ移住。生活が大きく変化して環境に慣れないのだから無理もなかった。田邉自身も新事業で身も心も一杯一杯だった。

その日は車でいったん家を出たが、途中から引き返した。家を出る時に公が口にした「貴方が帰ってきた時に、家にいないかも……」が気になったからだ。正太郎は、田邉の顔を見るとニコッと愛想笑いをよくしたが、この時は愛らしい大きな目で田邉を見ているだけで公は下を向いて何も話さない。顔を見せようともしない。おそらく泣いていたのかもしれない。

戻ったら公も子供たちも家にいなかった。自宅は少し高台にあって真下に公園がある。見下ろすと、そこで公は正太郎を抱いてブランコに乗って寂しそうな顔で揺らしており、麻希子はその隣のブランコに乗っていた。

公の寂しい気持ちは伝わってきても、今さらキャンセルはできない。自分の生活行動が自分の思うままにならず、他人の予定で動かざるを得ない。この仕事は家族を犠牲にせざるを得ない。つくづく因果な商売だと思うしかなかった。

飛行機の中で本を読んでいても集中できず、ストーリーが頭の中に入らない。ホテルへ着いたら、夜にでも電話をしてみよう。少しは公も気分を変えているかもしれない。

飛行機が到着し、出口に並んで出ようとすると、客室乗務員が頭を丁寧に下げ、こう告げた。

「只今、連絡が入りまして、田邉様のご子息が事故でお亡くなりになったとのことです。誠にご愁傷様です」

突然のことに田邉は返す言葉が見つからなかった。妻の公は、娘の麻希子は大丈夫なのか？ と頭のなかで疑問が飛び交ううちに、1時間半ほどが経過し、田邉は再びJAL062便16時50分発でロサンゼルスへ引き返した。ファーストクラスの一番前の窓際の席で椅子を平らにするまで倒して毛布を頭にかけ、じっと横たわっていた。ただただ涙が止まらない。公に抱かれて、つぶらな目で田邉を見ていたあの顔が頭から消えない。家の中でどうして死んでしまったのか。まさか公が……。そんなことは絶対にあり得ない。原因がまったくわからない不安が、次々と好ましからぬ妄想を導き出す。一睡もせず、ただ涙が止まらず、悪いことばかりを想像してしまう。

自宅へ戻ると、正太郎は白い花に包まれた小さな棺の中に安らかに眠っていた。丸い大きな目は開くことなく、人形のような長い睫毛《まつげ》を見せて眠っていた。「正太郎！」と呼んだら、今にもニッと笑って大きな目をパッチリ開いて、まだ「パパ!!」とはっきりとは呼べなかったが、何か叫び声をあげそうだった。顔色も多少化粧したのだろうか、ピンク色のつやつやした肌だった。昼寝でもしていて今にも起きてきそうな感じだった。ふさふさとした髪の毛の一部が切り取られ、頭のワキに10センチくらいの大きな傷跡があった。解剖した跡でむごい手術がなされたと思われる。それを想像するといたたまれなくなり、涙が止めどもなく止まらなかった。

公がやってきて正太郎の脇にいた田邉の膝元に泣き崩れ、叫んだ。

「ごめんなさい、私が悪かったんです。私も一緒に死にます。許してください！」

この言葉を何度も何度も繰り返し、田邉の膝に抱きついてくる。

田邉は心の中で叫んだ。「どうしてこんなことになったの、よりにもよって私のいない時になぜ正太郎が死ななければならないの。まだ生まれて1年半。生きている楽しさはこれからなのに」

田邉にとって最初の男子ということで、躊躇なく「正明」の最初の男の子「正太郎」と名付けた。父親として、これからいろいろと教えてやることがたくさんあったのに、もう正太郎は帰ってこない。

やはり、度重なる日本の出張がいけなかった。公は、麻希子と正太郎の世話で疲れきっていたのだろう。出張前の彼女の仕草は寂しさのみでなく、相談する友達さえもなく、彼女と子供2人の大きな家で孤独な生活に本当にいたたまれなくなっていたからだろう。

後で事故の経緯を聞くと、正太郎は2階の田邉たち夫婦の部屋の隣の部屋で木製の格子枠のあるベビーベッドにいた。ベッドには赤ん坊が立っても落ちないように柵がついていて、その角に金属製の止め金がついている。正太郎はヨダレ掛けをしていて、それが止め金にひっかかって宙吊りになってしまったらしい。

おそらく息がつまって声も出ず、足をバタつかせて苦しんだことだろう。その様子が田邉の脳裏に繰り返し浮かび、そのたびに「正太郎、ゴメンナ！　パパが居なかったために」と叫んだ。仕事を大義名分にして、妻や子供たち家族のことはほとんど頭になかった。悔やんでも、悔やんでも、悔やみきれなかった。

数年して妻とは離婚する。

あれから40年以上がたった今でも長男・正太郎の突然死は、トラウマとなって田邉を苦しめ続けている。

5 ブラックアンガスプロジェクト

「プラザ合意」から「バブル景気」へ。訪れた一大転機

田邉正明は1979年（昭和54）にマーキュリー社を設立、順調なスタートを切り、わずか3年でアメリカ産牛肉の対日輸出の5割前後を取り扱うまでの躍進をとげた。それから年をおかず、1985年（昭和60）には、牛肉を部位ごとに前処理して整形（プレポーションカット）するための新会社「ユニブライトフーズ」を立ち上げ、目玉商品としてファミレス向けの「格安本格ステーキ」を日本へもたらして私たち日本人の食生活を陰で支えたが、これについては第1章で詳しく述べたので、ここでははしょる。

さらにその2年後の1987年、牛肉の輸入自由化を4年後に控えて田邉にさらなる飛躍のチャンスが訪れる。

つい20～30年前までは、輸入牛肉は「割安だが固くて味わいがない」というイメージが強かった。今や健康志向もあいまって、「高くて脂っこい」和牛よりもむしろ「安くてさっぱりしてうまい」と評判がよい。その代表格であるアメリカ産のブラックアンガスが日本へもたらされるきっかけを

つくったのは田邉であった。

そこへ至る数年間は世界の激変とも連動していた。

1981年にアメリカ大統領に就任したロナルド・レーガンがインフレ抑止と景気浮揚のために「軍事費の拡大と大幅減税」による「レーガノミクス」を実施。この政策によって世界中の資金がアメリカに流入して極端なドル高を招来、国際経済に深刻な悪影響をもたらした。

そこで1985年9月、G5（米、英、西独、仏、日の先進5か国蔵相・中央銀行総裁会議）がニューヨークのプラザホテルで協議、各国が協調して自国通貨の切り下げを行った。後に戦後世界のターニングポイントの一つとされることになる「プラザ合意」である。その結果、もっとも割をくったのは日本で、それまで1ドル200〜240円台だった為替レートがわずか1年で150円台に下落して輸出が激減、景気の後退を余儀なくされた。これに対して日本政府は内需刺激策をとり、公共投資の拡大と日銀の公定歩合引き下げによる金融緩和を実施。これによりにわかに株と土地が急騰、日本社会は一転して「バブル景気」へと向かっていく。

なにか時代の大きなうねりがはじまりつつあるとの予感を抱いていたある日のこと、田邉のビジネス人生をまたまた大きく飛躍させる事件が起きる。

そのきっかけは、古巣のゼンチクの秋山部長（後に代表取締役社長に就任）からの国際電話だった。

「田邉さん、プライムの枝肉を至急エア（航空貨物）で飛ばしてくれない？」

「プライム」とは米国農務省による牛枝肉の格付の最上級である。ちなみに脂肪交雑度の多少により、プライム（やや多い）、チョイス（適量、並、少ない）、セレクト（わずか）、スタンダード（形跡あり、ほとんどなし）の順になる。

秋山部長はこうつづけた。

「畜産振興事業団がサンプルをとって品質的に問題なければ、将来定期的に購入できるらしい。極秘案件なので口外無用で。マニングなら内輪だからいけますよね」

「マニング」とはマニングビーフ社のことで、日本向けの生産に関しては、すべて田邉の会社が総代理店となる合意が結ばれていた。

折しも日本は「バブル」に突入。株価が3万8000円を超えて4万をうかがう気配で、牛肉の価格も急上昇。ダイエーから和牛肉の販売の相談をうけた農水省が、アメリカから「プライム」の枝肉を空輸して「国産の高級和牛」の代替商品として認める「苦肉の策」を考え出したのだという。

田邉は持ち前の好奇心から、「準備に少し時間をください」と応じた。しかし、電話を切って冷静になってみると至難の業であることに気づかされた。

「奇跡の牛《ミラクルキャトル》」との出会い

たしかにマニングビーフなら内輪なので秘密は守ることができる。問題はどう頑張っても注文に応えられそうにないことだった。ちなみにアメリカ全体の食肉処理数は1日12~13万頭で、そのうちプライムグレードの比率は2~3%。大手のパッカー――たとえばＩＢＰであれば全米5工場で、

1日約3万頭の処理能力があるから「朝飯前」だろう。だが「マニングビーフ」では1日150頭が精いっぱい。150頭の2~3%では3~4・5頭だから、農水省から極秘に依頼されたプライム40頭分のサンプルを揃えるのには優に1週間はかかる。その間はプライム以外の処理は受けられないとなれば、商売は上がったりだ。

「さてどうしたものか」と悩んでいると、取引先からプライムグレードのロースを買い付けたことを思い出した。さっそく問い合わせてみると、牝牛の枝肉のプライムグレードのみをコロラド州のグリーリーフィーダーズ社から定期的に買い付けているという。

だったら試しにそこからに何頭か買ってみようかと思ったが、「かりに良品質の牛を100頭買っても3%の3頭」なので、これでは注文に応えられそうにない。

と、田邉の脳裏にひらめきが走った。そうだ、実家の畜産商を継いでいる陸郎兄ちゃんであればなにかいい策があるかもしれない。陸郎兄は牛がすべて、牛の話だと一日中話しているまさに「キャトルマン」だ。すぐさま電話を入れると、陸郎兄は10日後に飛んできてくれた。ロサンゼルス空港に着くやいなや、すぐにデンバー行きの飛行機に乗り換え、着くとグリーリーまで約3時間レンタカーを飛ばし、目的地グリーリーフィーダーズ社に向かった。

グリーリーフィーダーズ社の社長は田邉の好きな映画俳優ジーン・ハックマンそっくりで、あいさつ代わりにそのことを言うと、ニコニコと笑みを浮かべてすこぶる丁寧に案内してくれた。

ブラックアンガスばかりが1万頭近くもいる。陸郎兄はこれほどの牛の大群を見たことがないので大興奮、柵のなかに飛び込んでいくと大声で叫んだ。

「まあちゃん！　これは凄い！　いい牛がたくさんいるよ！　雌ばかりだ！」

ジーン・ハックマン似の社長は、どちらが本業かはわからないが、2万頭の収容能力のあるグリーリーフィーダーズを経営する傍ら、コロラド大学の畜産学部の教授でもあった。今後のビジネスの展開を説明すると、日本向けにコンスタントに輸出できると請け合ってくれた。

とりあえず兄が選んだトラック2台分の40頭を契約してロサンゼルスへ戻った。7日後に届いた牛たちを「マニングビーフ」で処理したところ、なんと最初の20頭のうち12頭（60％）、残りの20頭のうち9頭（45％）が米農務省の「プライムグレード」に格付けされた。通常、米国のグレーディングではプライム率は「2～3％」でしかないのが、この高さ。陸郎兄は驚き「信じられない！」を連発した。

さっそくサンプルを日本へ送ると、ゼンチクの秋山部長から、「肉質は問題なし、ＩＢＰのサンプルよりも細菌類は少ないし、北海道産の枝肉よりも鮮度がいい」とのお墨付きをもらった。

安全性と鮮度にはもとから自信があった。そもそもマニングビーフ社の工場内温度は他社よりも3～5度も低い。そこから日本航空のコンテナに積み込めば、成田空港まで9時間、その日の夜のうちに到着する。北海道からの陸路輸送よりもはるかに早い。

田邉にとっては、まさに「奇跡の牛（ミラクル・キャトル）」との出会いだった。

ここから田邉のビジネス人生はゼンチク入社、アメリカでの起業につづく、3番目のターニングポイントへと勢いよく登っていくことになる。

こうして奇跡の牛、ブラックアンガスをめぐる一大プロジェクトが始まったのだった。

確信に変わった「アメリカでの穀物肥育」の優位性

3番目のターニングポイントへと攻め上るはずみをつけたものは、それまで田邉のなかで「実現できるかもしれない、実現できたらいいのに」の「夢のレベル」だったものが、「これなら間違なくできる」の「確信」に変わったことだった。

ちなみに4年後にせまった「牛肉輸入の自由化後」について、日本ハム、三菱商事、ジャスコ、伊藤万、伊藤忠、伊藤ハム、ハンナンなど日本のほとんどの大手食肉業者は〝オーストラリア派〟――すなわち前述したように、すでにオーストラリアでは「日本向け穀物肥育システム」を確立し、安定した品質と数量を確保することを政策にしていた。

それに対して田邉は、自由化後の牛肉輸出の主役を担うのはアメリカの「穀物肥育」だと考える、ただ一人といってもいい〝アメリカ派〟だった。駐在体験のあるオーストラリアではなく、アメリカで起業をしたのもその「読み」があったからだ。「奇跡の牛」との出会いによって、かねてからの「読み」は「確信」に変わったのだった。

今や「確信」となった田邉の長年来の「読み」を改めて記すと、以下のとおりである。
1　アメリカ自体が巨大な市場である。もし市況が悪くなったら日本市場に頼ることなく、アメリカで販売できる。田邉の脳裏には第一次オイルショック時の「輸入禁止の悪夢の記憶」が残っており、アメリカなら最悪の場合のリスク・ヘッジができる。牛肉輸出大国のオーストラリアではそうはいかない。

2　穀物肥育をするにはアメリカほど最適な国はない。穀物飼料の主力であるデントコーンを世界一安く大量に生産して輸出までしている国はアメリカをおいてほかにない。

3　すでにアメリカ自体が「穀物肥育牛」の市場であり、特別に日本向けの成牛を購入する必要はない。1000ポンド（450キロ）の食肉処理用の牛を「日本特別肥育」のために購入できるので資金面でも合理的である。

4　最終肥育の期間は、オーストラリアだと300日以上もかかるが、前記の方式によりアメリカでは100日程度ですむ。先物価格のリスクが200日分も少ないことから考えても、アメリカが圧倒的に有利である。

さらに、そもそもこの「読み」を「確信」へと導いてくれた大元がある。それは、大学の卒論で記した「『草食』動物としての『牛』の本質を活用しながら、まだまだコストを下げることができるのではないか」という田邉の長年の持論である。これこそが田邉にビーフ事業をライフワークにしようと決断させ、何度失敗しても諦めずに挑戦させている源泉であった。

クリアすべき5つの条件

「長年の夢と読み」が「確信」になった今、次はそれをどうビジネスとして形にするかである。そのためには、以下の要素をクリアする必要があった。

1　日本向けのブラックアンガスの肥育施設
2　日本へ輸出可能な小回りの利く食肉処理およびカット工場
3　日本の市場を理解しているスタッフの存在
4　ブラックアンガスを最低1万頭肥育するための資金
5　日本での顧客の開拓と確保

最後の「日本での顧客の開拓と確保」以外は、いずれも難しい条件ではあったが、なんとかクリアできた。

1の「日本向けのブラックアンガス肥育施設」については後で述べる。2の「日本へ輸出可能な小回りの効く食肉処理およびカット工場」は、(農水省からのサンプルの処理をしてもらった)マニングビーフ社が担うことになった。同社はロイド・マニングとフレッド・マニングの従兄弟が設立、工場はロサンゼルスの街中にあり、近傍に控えるカリフォルニアの大酪農地域の老廃牛やホルスタイン系の肥育牛を専門に処理していた。最近(内臓の処理から委託食肉処理まで事業を拡大したところへ)田邉が経営に協力するようになったこともあり、ブラックアンガス・プロジェクトを説明したところ、共同経営者のロイドもフレッドも喜んで応じた。

3の「日本の市場を理解しているスタッフ」については、日本向けのカットおよびグレーディングに、田邉の古巣のゼンチクで豊富な経験を積んできた上村幹《みき》に加わってもらうことになったので安心だった。

4の「新規事業を立ち上げ運営するための資金」については、早稲田大学柔道部の先輩で不動産事業を国内外で手広く展開している次郎丸嘉助が提供してくれることになった。次郎丸先輩が65%、残りの35%は田邉グループで調達、万が一会社の中で内輪もめがあった場合を考えて、田邉個人の株は会社全体で51%以上を維持するようにした。また、「奇跡の牛」との出会いとなったグリーリーフィーダーズの社長からも資金協力の申し出があった。人生意気に感じる人物がアメリカにもいることに、さすがジーン・ハックマンと瓜二つなだけあると、驚き感動したものだった。

5の「日本での顧客」だが、折しも日本は「バブル経済」の只中にあり、食肉市場も活発だったので、先行きに不安はなかった。

日米牛肉自由化交渉の行方は?

では後回しにした1の「(日本向けのブラックアンガス)肥育施設」について記そう。

ゴルフのメッカであり、高級野菜の産地でもあるカリフォルニア。その太平洋岸にある都市モントレー近くの町サリナスに、盛時には8万頭を肥育して同州第2の規模を誇ったファットシティという会社があった。だが、牛肉ビジネスが中西部に移行してしまって操業を停止していた。8万頭を飼育できるヤードの屋根のない肥育施設、1万5000トン収容の穀物倉庫、飼料のコーンを粉砕する巨大マシーン、20~30人収容の2階建てのオフィス、そして自家用飛行機が発着できる飛行場。これらを全部を合わせて不動産会社から提示された売価は、なんと70万ドル（当時の日本円に換算して1億円）という格安物件だった。

しかし田邉は、契約するのは、牛肉輸入自由化をめぐる日米交渉の結果を待つことにした。いまだ交渉の行方が見えないからだ。畜産農家からすると、自由化になれば海外産には勝てないため経営継続意欲を失う。そのため、（畜産農家の意向をうけた）農水省と自民党農林議員は激しく抵抗、輸入関税の引き上げと「調整金」の確保を求めていた。関税はともかく「調整金」が制定されると、海外での肥育事業には逆風となる。ある日突然「調整金」が高くなれば、事実上輸出がストップしかねないからだ。そうなったらサリナスの飼育施設の購入は断念するつもりで、田邉は交渉の行方を探っていた。

交渉はワシントンで行われていたが、田邉は事前に人間関係をつくって日米双方に情報源を確保していた。日本側は、農水省2代目デンバー駐在員の金井俊男（後に農水省鶏卵畜産課課長補佐〈1988年4月~1989年7月〉）だった。

金井は電話で最新情報をこう伝えてきた。

「田邉さん、うちの大臣はしょうがないよ！　腹が調子悪いといって部屋に籠りきりだ！」

牛肉輸入自由化交渉の数年間は、選挙で落とされるのを恐れて農水大臣のなり手がおらず、畜産には縁もゆかりもない佐藤隆が農林大臣に担ぎ出されたのだった。

かたやアメリカ側のＵＳＴＲ（通商代表部）の情報源は、交渉内容を熟知している米国食肉輸出連合会の会長フィリップ・セングだった。セングは、田邉が早稲田大学の柔道部在籍時代に監督および顧問を務めていた大澤慶己教授から講道館で指導をうけていた。田邉とはときおり全日本柔道選手権大会で顔をあわせて知り合いになった。そして田邉が在米することになって関係が深まり、日頃から情報交換をする仲だった。

交渉結果を緊張して待っていると、セングから吉報がもたらされた。

かねてからただ一人、自由化反対を唱えていたモンフォールト社のオーナー、モンフォールト氏の要望は無視され、自由化が決定され、初年度は80％の関税のみで「調整金」は消えたというのだ。なおモンフォールトは、世界一の特別肥育牛（フィードロット）20万頭を保有するアメリカ第３位のビーフパッカー、モンフォールト社の総帥で、アメリカ食肉業界に大きな影響力を持っていた人物でもある。

やった！　さっそく田邉はサリナスの肥育施設の購入の手続きに入った。

「奇跡の牛」ブラックアンガスが日本へむけて出荷

１９８７年5月27日、４年後の自由化に備えるべく、シャスタ　フーズ　インターナショナル社を設立する。田邉正明41歳の時だった。

これを機にＩＢＰの日本向けの総代理店業務を辞めると、大学時代に着想し、「奇跡の牛」との出会いで「確信」にいたった構想――和牛に近い品質のブラックアンガスの長期肥育を実行に移した。

約2万頭をグリーリーフィーダーズに委託契約、３００日肥育を終えて、いよいよ日本向けに輸出を開始した。5、6か月後には、１０００頭分の枝肉が空輸で、チルドビーフが海上輸送で日本に向けて出荷された。

評判は上々で東京食肉市場で圧倒的な評価をうけ、たちまち「枝肉セリ」の定番商品となった。いうまでもないが、田邉の「奇跡の牛」は「和牛代替」商品なので国産和牛とくらべて価格ははるかに安い。田邉はあくまでも「アメリカで特別肥育されたブラックアンガス・ビーフ」として輸出していたが、日本の輸入業者のほとんどは「和牛」として各営業所で販売していたようだ。当時は「原産地表示」の義務がなかったので、現在と違って「違法」ではない。そのため輸入業者は望外の利益を上げたのだろう。ある日「首都圏食肉卸売組合」の社長たち25名超が、マニングビーフの処理工場とサリナスの肥育牧場の視察に訪れた。その多くは、畜産振興事業団の買い付け入札に向けて、ゼンチク時代の田邉がまとめ役となって毎月ゼンチクの会議室で応札の準備をした仲間たちだった。「奇跡の牛」ビジネスの将来性に気づいたらしく、その場で、こんな提案まで持ち上がった。

「田邉社長、芝浦まで運ぶ前に、いっそのこと、ここ（マニングビーフ）でセリをしたらどう？　各種枝肉の写真を送ってくれたら、みんな積極的に注文するよ」

さすがにこれには、後に芝浦の東京食肉市場から「現地でのセリはやめてくれ」と要請があった。

新事業スタートにまつわる2つの秘話

こうしてシャスタ フーズ インターナショナルは順調なスタートを切った。田邉にとってそれにまつわる忘れられない2つの物語がある。忘れがたい理由の一つは「悲話」、もう一つは「喜話」と対照的でありながら、どちらも柔道がビジネスにからんでいたからである。

まずは「悲話」から物語ろう。主人公は菅原正輝、早稲田大学柔道部で田邉の3年後輩である。

前述したように、田邉は高校三年に腰を痛めて大学の柔道部では過度な練習ができなくなり、プレイングマネージャーへの転向を余儀なくされた。けれど全国の高校を行脚して有力選手をリクルートするなど、営業的才覚を発揮した。

そのうちの1人が、宮城県立石巻高校の菅原正輝だった。菅原は宮城県登米郡豊里町の由緒ある専業農家の長男だった。柔道スタイルは正統派で将来を期待されたが、ある日、大澤師範から「菅原は心臓が悪いそうだから危険だ！　しばらく稽古を休ませろ」との指示が出された。その後も柔道部に所属していたものの、満足な稽古ができなかった。菅原は田邉が4年生のときに1年生であったから、学生時代は1年のみの付き合いしかなかった。

菅原に再会したのは、田邉が大学を卒業してゼンチクに入社し、オーストラリアに駐在していたときだった。オーストラリア西部のパースにいた菅原から突然連絡があり、田邉の仕事に興味があるという。

田邉はタンクレッド社の工場や5000頭の特別肥育の牧場など、施設のすべてを案内した。農家の出身らしく畜産に興味があるようで、かなり突っ込んだ質問もあった。

そのとき菅原は同じ早大柔道部の大先輩、次郎丸嘉助が経営する不動産開発会社の海外部門に所属、パースにある不動産開発の仕事をしていたが、

「第一次オイルショックの影響でオーストラリアから撤退することになった」

と言って、田邉にこう打ち明けた。

「浮き沈みの多い不動産開発よりも、食肉産業のような地に足がついている仕事に興味があります」

それから10余年後、田邉がシャスタ フーズ インターナショナル社を立ち上げ、ブラックアンガス事業を顧客に説明するため来日した折に菅原と再会すると、菅原は興味を示してこう言った。

「ぜひそのプロジェクトの施設と牧場を見たい。次郎丸社長からもすべて菅原に任せるから現地にすぐ飛べ！と言われてます」

田邉はさっそく菅原をシャスタに案内して事業の全容を説明したところ、話はとんとん拍子に進み、合弁会社シャスタフーズインターナショナルをホールディングカンパニーにして牧場、飼育、処理施設の3部門を統括する総合的食肉会社を設立。田邉と次郎丸の会社で50：50の資本出資する

ことで基本合意、スタートすることになったのだった。

早稲田大学柔道部の後輩、良き相棒の菅原正輝の突然死

ある夜、その祝いの席を持とうと田邉を含む4人が集まった。

3人は日本人。田邉と菅原と安房高校柔道部の同期でオリンピック日本代表の篠巻政利。篠巻は勤めていた新日鉄を退社してシャスタグループの一員として、小売部門を担当したいとのことだった。そこに、先述した全米食肉輸出協会の会長フィリップ・セングが加わった。

当日の7月4日は、会社設立に加えて米国独立記念日、さらに菅原の誕生日でもあった。盛り上がらないわけがない。それに4人とも「柔道マン」。田邉は体力も酒量も3人にはとてもかなわない。菅原が一番若く、年上の先輩たちに負けじと痛飲していた。

その翌々日、田邉のもとへ母校・早稲田大学で教授をしている親友の小野沢弘史から電話がかかってきた。

「驚くなよ！　菅原が急死した！」

心臓病を患っていたことは学生時代から知っていたが、同級生の田舎へコメの買い付けに行って、そこでも痛飲したのがよくなかったらしい。

田邉は、「前々日、無理矢理、菅原に飲ませてしまったからだ！」と悔やんでも、悔やみきれない。

菅原は娘と息子との朝の散歩を日課にしていた。その朝も子供たちが起こしに行くと、穏やかな顔

つきのまま旅立っていたという。

次郎丸社長が葬儀委員長を務め、しめやかに葬儀が行われた。

弟のように親しく寄り添い、シャスタ フーズ インターナショナルの将来をシャスタの山麓で語り合ったことが思い出され、田邉は息子の正太郎のとき以来、見苦しいほどに泣き崩れた。

次郎丸社長は菅原の遺志を継ぎ、新しい担当を任命して新事業を継続すると約束してくれた。菅原の同郷の宮城県登米郡出身の英語に堪能な女性で現在の田邉の妻、旧姓及川三枝子である。

横浜そごうの催事販売で、記録的売り上げを達成。

もう一つの物語は、菅原正輝の悲話とは対照的な明るい「滑稽譚《こっけいたん》」である。

日本にも末端の販売拠点が必要だと篠巻政利が提案し、販売会社シャスタフーズが設立され、篠巻が社長に就いた。そのお披露目の目玉事業が横浜のデパート「そごう」での催事販売だった。そごうの食品の責任者が東洋大学の柔道部OBで、元無差別級世界チャンピオンの篠巻と知り合いだったことから始まった。

突然、ロサンゼルスの田邉のもとへゼンチクの片山輸入部長から国際電話が入った。

「田邉さん、困りますよ！　なにも京谷局長に電話しなくても、私に連絡くれれば、なんとかしたものを！」

「京谷局長」とは農水省畜産局長のことで、輸入食肉全体の統括責任者である。田邉にはなんのこ

とか、さっぱりわからない。事情を訊き返すと、

「うちの秋山常務に京谷局長から電話があって、篠巻社長のシャスタフーズにビーフの枠を提供してくれと依頼があったと。秋山さんがえらい怒っていましたよ」

「ビーフの枠」とは、当時牛肉は輸入自由化前の「輸入割当（クオータ）」の時代で、輸入業者には国から「枠」が割り当てられていた。その総責任者が畜産局長の京谷だった。

「え！　何も聞いていない。すぐ調べて連絡します」と答えて、田邉はすぐさま秋山常務に電話を入れた。すると秋山は、

「田邉さん、別にいいんだ。でも、うちに余裕の枠がたまたまあったからいいけど、もし、なかったらどうするの？　その辺の事情、篠巻さんにくれぐれも伝えておいてください」

と言いおくと、こう付け加えた。

「それにしても、柔道界つながりって凄いね！　京谷局長なんて滅多に話す機会がない天皇みたいな方から電話が来たのでビックリしたよ」

京谷局長は東大柔道部出身で篠巻よりはるか年上だったが、柔道家としての知名度では篠巻のほうが上だった。

横浜そごうの催事は大成功だった。マニングビーフの300日肥育、テンダーロイン、ストリップロイン（ロース）、リブアイロール（リブロース）の3アイテムを飛行便で飛ばし、その翌日に店頭に並べる。鮮度は抜群、そして和牛に近いコクのある味わい。ステーキ用として並べたら、完売。

予備処理が間に合わないので700〜800グラム程度のブロックで店頭に出したところ、それもすぐに売り切れてしまった。

篠巻社長は京谷局長が東大柔道部出身であることを知って直接電話して「枠」を獲得。この時点では「篠巻の鮮やかな一本勝ち！」であった。

しばらくして田邉が横浜そごうの催事の現場を訪れると、横浜支店長のM常務から「田邉社長、うちの催事でこんなに売り上げがあったのは初めてです！　有難うございます」と感謝された。

売り場は地下1階のフロアの3列のエスカレータの真正面にある。篠巻の部下である元新日鉄柔道部の100キロ以上はあろうかという猛者《もさ》たちが大声を張り上げる。

「いらっしゃい！　いらっしゃい！　アメリカのブラックアンガスステーキ！　きのう、成田に着いたばかりですよ！」

叫びあげる声が地下から1階のエスカレータの入口まで聞こえるから、自動的に食肉売り場への人の流れができてしまう。

「よく売れているので、そごうの常務から次の催事もよろしくと逆に頼まれましたよ」

と自慢げな篠巻に田邉はクギを刺した。

「地下のフロアをまわったら老舗の肉屋の店頭がガラガラになっていたから、挨拶をしておいたらどう？」

それからしばらくしたある日、篠巻からロサンゼルスのオフィスに電話があった。

「申し訳ありません。そごうの催事が中止になってしまいました。誰かに刺されたみたいです。注意していたのですが、たまたま製造月日が1日古いパックが見つかって販売中止になってしまいました。おそらく同じフロアの肉屋さんでしょう」

田邉の心配が的中した。「篠巻の反則負け、退場！」だった。

バブル崩壊で「300日特別飼育牛」1万4000頭がキャンセルに

田邉は牛肉輸入自由化に向け、長年来の夢であったブラックアンガス牛の肥育と輸出に挑戦、たちまち日本のマーケットで高い評価を得た。だが、わずか4年で頓挫する。それまで日本の牛肉需要を押し上げていたバブルが崩壊したからである。皮肉なことに、それは牛肉の自由化と時をほぼ同じくしていた。

それによって国内経済は混迷に陥り、食肉業界も軒並み減収減益を余儀なくされた。景気の後退は国民の食生活にも大きな影響を与えた。つい直近までは、高級グルメ志向のシンボルだった「和牛ブーム」は続いていて、それにあやかって輸入牛肉の中でも最高級と銘打った田邉のブラックアンガスも大いに人気を博していた。しかしバブルが弾けたとたん、高級グルメの和牛ブームは一挙にしぼんでしまった。

日本経済新聞（1992年8月11日朝刊）は、「高級生鮮食品、相場崩れる、景気後退が直撃——卸値前年の日から3割」で、次のように報じている。

「高級志向から高値を維持してきた和牛相場も崩れている。外食産業向けに加えて、家庭需要の不振も響き、東京食肉市場の卸値は去勢A－五規格が前年比五％安。「輸入自由化よりバブル崩壊の方が相場へのインパクトは大きかった」（大阪市食肉市場）とする声が多い。イトーヨーカドーでは「ステーキ用などに和牛を購入していた層が輸入チルド肉にシフトしている」という。それにあわせるかのようにブラックアンガス人気も泡と消えた。

田邉としては、「特別肥育したアメリカ産ブラックアンガス・ビーフ」として日本に売っているつもりだったが、大手食肉卸業者は「和牛」の代替品として各営業所で販売していたのが理由のようだった。あくまでアメリカ産で販売してくれるよう田邉が顧客に強く求めていたら、前掲の新聞記事にあるように「国産和牛から輸入肉へのシフト志向」にうまく乗って、田邉の「奇跡の牛事業」はバブルがはじけても生き延びていたかもしれない。今となっては、それは詮ない繰り言でしかない。

まさかバブルが突然はじけるとは、田邉をふくめて誰もが思ってもいなかった。これからアメリカ産特別肥育牛の需要もますます高まる。田邉もそう考えて、アメリカの食肉処理会社マニングフーズを日本の大手食肉卸業者と50：50の出資比率で買収し、牛の肥育は田邉、販売は食肉卸業者と任務分担することにしたのだ。

ところが間が悪いことに、この新規合弁事業を立ち上げたとたんに日本でバブルが弾け、田邉の元には1年間の契約分の「300日特別飼育牛」1万4000頭が残されて行き場を失った。

合弁相手の食肉卸業者は、最初は担当者、つづいて部長、専務、最後は社長をアメリカの田邉の元へ送り、「日本の最大手の食肉専門商社がつぶれてしまうのは由々しきことだ」とかき口説き、結局田邉は「全頭キャンセル」を呑まされたのだった。

田邉は、それまでの「稼ぎ」をはきだした上に15億円もの負債をかかえることになった。彼らの最後のセリフがふるっていて、田邉は今も忘れることができない。

「捨てる神もあれば拾う神もあるさ」

「奇跡の牛」の出会いの時と違って、「拾う神」が現れるはずもなく、結局、田邉は自分で拾うしかないと覚悟をきめた。

1989年（平成元）12月、日経平均株価は史上最高値3万8915円をつけたのをピークに、翌1990年（平成2）1月に大暴落、湾岸戦争と原油価格の高騰がそれに追い討ちをかけ、同年9月には半値に近い2万円台にまで下落した。

田邉は、「これでもう無理だ」と、足掛け14年間にわたるアメリカでの事業に見切りをつけ、今一度日本へ戻って再起を期すことにしたのだった。

事業の理論的武装が通じない局面にどう対処するか

田邉は往時を振り返り、以下のように総括する。

田邉にとってシャスタフーズはビーフ事業の「集大成」的なプロジェクトであった。ただし今になって検証すると、アイデアや理論は申し分ないが、次のような「障壁」があった。

まずは過去に参考になる事例がない事業であったこと。今までの田邉のトレード事業とは「真反対」のコンセプトであったこと。つまり、これまでは必ず「ヘッジシステム」を用意していたのに、あのプロジェクトはアメリカ内にて販売するとしただけで、「実質的な損失」をカバーするものではなかった。

「バブルが弾けていなかったらと人々は言うが、それは単なる慰めでしかない」とした上で、こう自省する。

若い時から「前向きの姿勢の人生」を自分の生き方にして、「良いこと」も「悪いこと」も終わったことは一晩寝たら忘れて、今日明日の楽しさを追求するよう心掛け、達成した喜びを皆と分かち合おう、と決めてやってきた。

そうすると、楽しみを分かち合う適当な人数はせいぜい10~15人くらいが妥当だと思い、そのような組織を目標にしていた。たしかにその程度だと自分の目が届き、直接指示ができ、自分の意思をスタッフに伝達できた。そして業績もよかった。

ところが調子に乗って事業を拡大したとき、あるいは世の中が成長している経済状況のとき、組織をむやみに拡大して地に足がついていない経営をした時は大失敗する。

今冷静に振り返ると、「ブラックアンガス・プロジェクト」がまさにそれだった。自分の能力を過信して、人の使い方、組織の動かし方、資金の管理方法などなど、不十分なことばかりだった。

田邉なりに牛肉事業の理論的武装をし、間違いなく「利益」が舞い込んでくるはずであった。しかしバブルが弾け、田邉の「理論」は吹き飛ばされてしまった。実際の「予期せぬ経済変動」の前には経済理論など屁の突っ張りにもならないという「食肉ビジネスの厳しい現実」を容赦なく見せつけられたのであった。

6 ビーフからポークへ

帰国、ナリタフーズを立ち上げるも

1992年（平成4）、帰国した田邉は、わずか4人の仲間とともに食肉卸業「ナリタフーズ」を立ち上げた。

田邉は若い時から良きも悪しきも終わったことは一晩寝たら忘れて、今日と明日の楽しいことに集中し、そのプロセスを仲間と分かち合うことを自らの生き方とし、ビジネスの基本にもしてきた。その「前向きの姿勢」が今回も発揮された。

まずは負債を返済すべく、仲間とともに反転攻勢のための策にうって出た。

高級和牛ブームはバブル崩壊とともに消滅していたが、それにかわって焼肉ブームが生まれていることに着目。それに向けてショートプレートの脂を適度に削りおとした部位を、「スライスレデ

ィープレート」という名で商品開発したのである。

ショートプレートとは、リブ（あばら）の下にある第6肋骨から第12肋骨までのバラ肉で、「吉野家」がこれをアメリカから輸入して「牛丼ブーム」をまき起こしたことは第1章で詳しく記した。田邉もアメリカで起業した当初から吉野家向けに取り扱ってきた〝馴染みの部位〟だった。

この焼肉向け「スライスレディープレート」は好評で、毎月7～8コンテナもの注文がコンスタントに入るようになる。これで再起のめどが見えてきたその矢先、またまた田邉は大きな挫折を余儀なくされる。帰国して新会社を設立して1年後の1993年（平成5）のことだった。日本は歴史的な「冷夏」に襲われた。

1991年（平成3）6月、20世紀で最大級といわれるフィリピンのピナツボ火山の噴火による異常気象が遠因とされるが、夏の気温が平年より2度から3度以上も下回った。

そのため国産米が大不作となり、急遽タイ米が輸入されたほどだ。このことから後に「平成の米騒動」と呼ばれて私たちの記憶に刻まれることになったが、実は焼肉も大打撃をうけた。おまけに焼肉屋にとってはかき入れ時のウィークエンドになぜかいじわるにも雨が降り、せっかくの焼肉ブームに水をさした。田邉からすると冷夏がもたらした歴史的な事件は「平成の焼肉騒動」であった。

焼肉店の縮小・倒産があいついだ。焼肉マーケットは一気に冷え込み、ショートリブがキロ当たり1000円も下落した。卸売業者はキャンセルにつぐキャンセルで在庫を増やし、中には40億円もの損失を抱えた大手もあった。田邉のナリタフーズも、当初は牛肉全般を取り扱っていたが、利幅が大きいことから焼肉店用のショートプレートに特化したのが裏目に出て、3億円超の損失を被った。これでは、アメリカでのブラックアンガス事業の15億円の赤字をリカバーするどころか負債をさらに増やして見えかけていた再起も遠のいてしまった。

「ビーフには先行きがない。ポークをやらないか」

バブル崩壊につづく冷夏という想定外の事件による挫折は、田邉にとって四半世紀にわたるビーフ・ビジネスからの撤退をうながす〝最後の一撃〟となった。

親父が牛を専門に扱う「馬喰」だったこともあって、ビーフ・ビジネスは幼少年期からの夢だった。入社したゼンチクは豚も鶏も扱う食肉総合商社でも、退社するまで「牛肉畑一筋」。そしてアメリカで起業したときも、それがとん挫して日本で再起を期したときも、扱う主力部位は代われども「牛肉畑一筋」は変わらなかった。田邉のそれまでの人生はまさにビーフとともにあった。

そのビーフが田邉を崖っぷちの危地に陥れたのだから皮肉というほかない。それを救ってくれたのはポークだった。

きっかけは、田邉がアメリカで起業して以来の取引相手である全米有数の食肉卸ポーキープロダクツ社のマーク・ボイドの次の一言だった。

「マサ、ビーフには先行きがないのだから、ポークをやらないか」

彼の指摘のとおり輸入牛肉は相場を大きく落としていたが、輸入豚肉はバブルと冷夏の影響をほとんどうけなかった。業者仲間の酒席でもポーク関係者は意気軒高で、青息吐息の田邉には羨ましくてしかたなかった。

ポークが順調なのは、輸入ポークの7割ぐらいがハムやソーセージの原料用の冷凍肉（フローズン）なので、「冷夏」だからといって、焼肉のようにハムやソーセージを食べなくなることはないからだった。

「裏ポーク」と呼ばれる豚肉業界の闇

しかし田邉は、〝渡りに舟〟とばかりにビーフからポークへの転換にほいほいと乗ったわけではない。そこには戸惑いと危惧があった。食肉業界では「裏ポーク」と呼ばれるダーティな噂があったからだ。

そこでポークの輸入を始めるにあたって、ビーフ輸入時代から長い付き合いのあった通関業者のTに相談したところ、「ポークだけはやめたほうがいい」と真剣な口調で止められた。当時Tは長年通関企業で営業担当を務めるベテランで、ビーフはもちろんポークをめぐる表と裏の実情を知り抜いていた。また、田邉とは仕事上だけでなく趣味で続けている自身の果樹園の果物を届ける間柄であり、それゆえ気の置けない友人として親身になっての助言だった。

今回、退職して10年くらいになるTに「今だから明かせる話」を聞くことができた。それによると、当時は業務上の守秘義務があるので、「具体的にどこの会社の誰が何をしたか」については言えなかったが、そもそも「差額関税」という厄介な制度があり、それが「裏ポーク」の闇を生んでいると指摘。

「だから田邉さんのようなまっすぐなビジネスは通用しない、うっかりすると犯罪の濡れ衣を着せられるからやめたほうがいい」

と忠告したという。そして、Tは最後に意味深にこう付けくわえた。

「やっぱり私が危惧したことが起こりました」

田邉がビーフからポークへの転換に戸惑いと危惧を覚えていた頃、Tが指摘するような「裏ポーク」の実態がチラリと表に顔を出したことがある。折しも、歴史的な冷夏で焼肉に冷水が浴びせかけられた1993年11月12日のこと。同日付けの日本経済新聞が、

「不正、全国に拡散？　申告制、摘発に限界。台湾産、大阪などで急増」

の見出しを掲げ、紙面を大きく割いて、豚輸入の闇の一端を次のように暴いてみせたのである。要約を以下に掲げる。

愛知県警は、食肉加工販売会社「養老ミート」を関税法違反で摘発、これをもって90年から捜査に着手した差額関税制度を悪用した〝名古屋コネクション〟は解体。一方で、大阪税関では92年の台湾産豚肉の輸入シェアが91年の5％から19％に急上昇、大阪税関以外にも同様の傾向がみられ、豚肉の不正輸入はむしろ全国に拡散している可能性がある。不正輸入で脱税された資金は台湾の地下銀行を通じて国内に還流されていたと見られる。このため通関時に不正をチェックす

るのがなおさら難しかった。制度の悪用をいかに防ぐか当局の悩みの種は尽きそうにない。「差額関税制度を悪用した不正輸入」の裏で暗躍しているのは、いったいどこの誰なのか？　読者としては知りたいところだ。記事はここで筆をおいているが、おそらく、当時Tが指摘した古くから食肉業界に利権をもつ人々が関わっている可能性がある。

しかし田邉にとってはTの忠告や新聞記事にある「裏ポークの闇」は、所詮は業界内部の噂話レベルで実感がわかず、最終的にポーク輸入ビジネスへ舵を切る決断をした。再起にむけてポークで勝負するしかなかったこともある。新聞記事で報じられているのは犯罪で「ビジネス」ではない、どんな業界にも裏をかこうとする人々はいるが、それはごく一部の不心得者で全体としてはまともなビジネスが貫かれているはずである。ビーフと同じくポークでもまっとうな仕事ができるという自信と矜持が田邉にはあったからだ。

田邉はポークへの転身を決断すると、ビーフ時代からの旧知の取引先であるＩＢＰを主な仕入れ先として事業をスタートさせた。１９９２年（平成４）９月だった。

複雑怪奇かつ理不尽な「差額関税制度」

ところが、いざ実際に参入してみると、聞くのと実際にやってみるのとでは大違いであった。ビーフとの決定的な違いにいきなり遭遇し、驚愕させられたのは「差額関税制度」である。Tをはじめ周囲から忠告されてはいたが、その複雑怪奇でかつ理不尽な仕組みと制約の厳しさは聞きしに勝るものがあった。

どこがどう複雑怪奇かつ理不尽で制約が厳しいのか、読者の理解を助けるために図をもって説明しよう（図2-1）。

まずこの差額関税制度のポイントは、ともに1キロ当たりの「分岐点価格」とそれに4・3%の関税を加えた「輸入基準価格」にある。これは必要に応じて改定されると規定されているが、田邉がポーク・ビジネスに参入した1995年から現在まで、「分岐点価格」は1キロ当たり524円、「輸入基準価格」は「分岐点価格」に関税分4・3%を加えた1キロ当たり546・53円のままである。

そもそもなぜ「分岐点価格」と「輸入基準価格」が設定されたのか？

豚肉は牛肉に先駆けて1971年（昭和46）に自由化され、この制度をつくった農水省はこ

図2-1　差額関税の仕組み

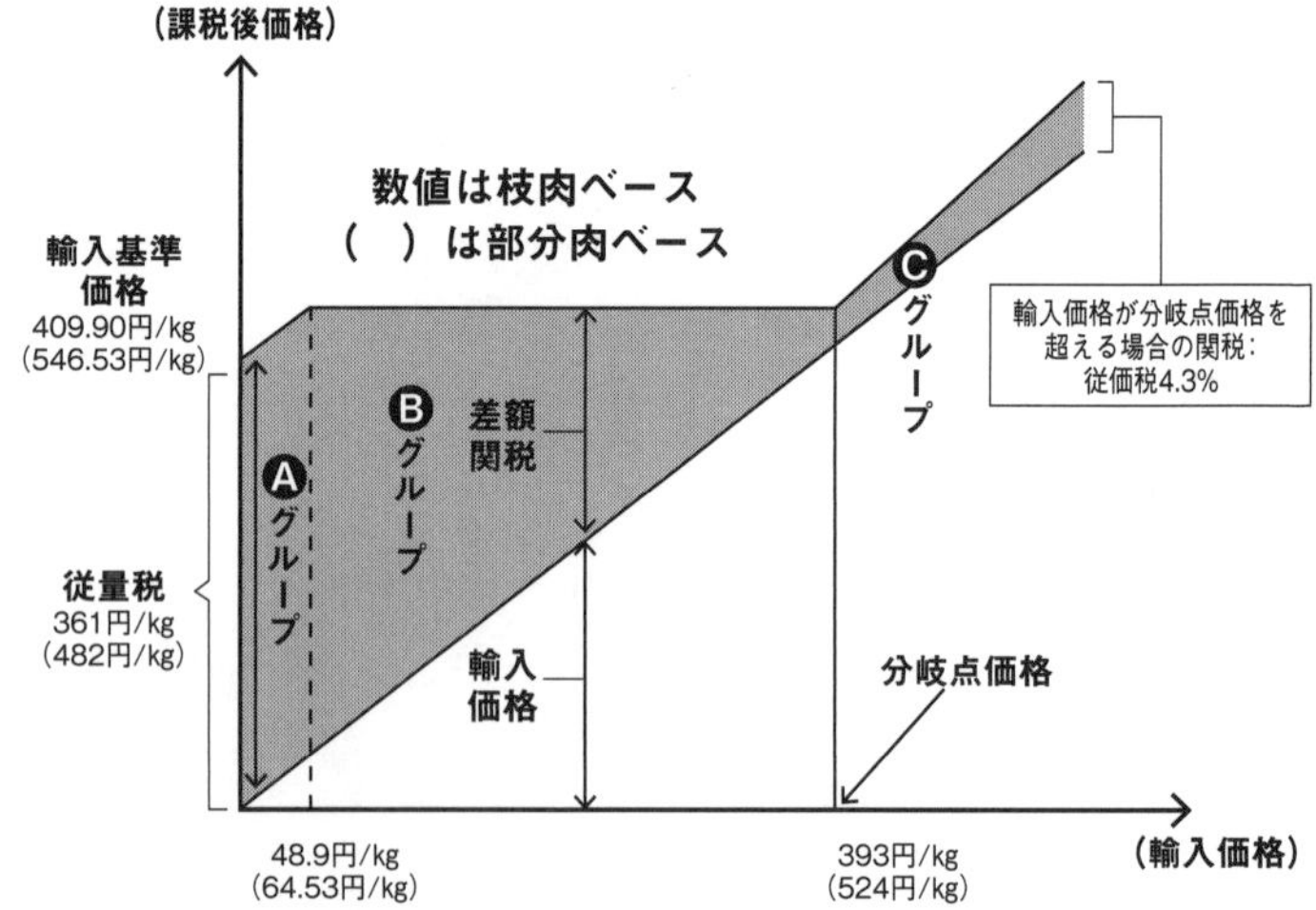

出所：志賀櫻『豚肉の差額関税制度を断罪する』（ぱる出版、2011年）

う説明している。

「輸入価格が低い場合に輸入基準価格に満たない部分を差額関税として徴収して、それで国内養豚農家を保護する。一方で、価格が高い場合には低率な従価税を適用することにより関税負担を軽減し消費者の利益を図るという、生産者の利益と消費者の利益のバランスに配慮した仕組みである」（平成27年8月7日、衆議院内閣委員会での天野農水省畜産部長の答弁）

なお、「分岐点価格」と「輸入基準価格」をふくめ「差額関税制度」は複雑怪奇かつ理不尽で矛盾と問題点に満ちており、それが後に田邉の人生を暗転させることになるのだが、この時点では当人がそれに気づいていないこともあり、第3章以降で詳しく述べる。ここでは差額関税制度の仕組みにしぼって説明をつづける。

「分岐点価格」と「輸入基準価格」にもとづく関税計算

この「分岐点価格」と「輸入基準価格」に対応して、この制度が適用されるグループは、以下の3つに分かれる。

▼Aグループ　輸入価格が1キロ当たり0円から64・53円までの時は、1キロ当たり482円の関税が取られる（ただしこのような低価格の輸入はほぼ存在しない）

▼Bグループ　輸入価格が1キロ当たり64・53円から分岐点価格の524円までの時は、【輸入基準価格の1キロ当たり546・53円－輸入価格】の差額を関税として取られる

▼Cグループ　輸入価格が分岐点価格の1キロ当たり524円以上の時は、輸入価格の4・3％の関税が取られる

さらに厄介なのは、「セーフガード」が発動された場合の「追加措置」である。

「セーフガード」とは、特定の産品の輸入が急増し、国内産業に重大な影響を与えると判断されたときにそれを保護するために発動される「緊急関税制限」である。通常セーフガードはGATT（ガット）やWTOの条約に基づき、国内被害の調査や相手国との交渉など様々な制限をクリアできた後に実施される。輸入豚肉の場合、これらの条約には基づかないで自動的に発動される日本の豚肉にのみある非常に特殊な措置になっている。

セーフガードが発動されると、通常は関税率が上昇する。豚肉の場合には「差額関税制度」の「分岐点価格」が524円から653円に突然はね上がるという他に見られない特殊な措置となっている。発動の条件は第一四半期（4月～6月）の輸入量が過去3年間の第一四半期平均の119％以上になった場合とされる。第一四半期の輸入量が財務省から発表されるのが7月下旬でセーフガードの発動が8月1日だからだ。7月出航の北米や欧州から買い付けた豚肉価格は当然関税が最も安くなる分岐点価格524円でインボイスに記載されているはずである。

ところが誰もが予測不可能なセーフガードが突然8月1日より待ったなしで発動！　その豚肉の関税は基準輸入価格681・08円と524円との差額であるキロ157・08円に跳ね上がる。1トンを輸入した場合に関税額は本来2万2500円のところ、15万7000円になるのである。20

00年から2005年ころの月間平均豚肉輸入量は6万トンぐらいのため、セーフガードが発動されている期間は試算すると全体で毎月94億2000万円の追加負担になったはずである。まるでだまし討ちのように突如待ったなしで関税額が高騰する異常な措置であった。

低価格部位と高価格部位を1頭の豚の「枝肉」として輸入

しかし、この制度に従ってビジネスをするのが不可能なのは、豚肉は部位によって価格が大きく違うということを知っていれば、小学生でもわかることだ。これも図表で示そう。表2-1には豚肉の各部位に対する国産と輸入の最近の1キロ当たり標準取引価格を記した。また図2-2のように、豚肉は用途によって、肩ロース、ロース、ヒレ、ウデ、バラ、モモの部位に細かく分けられる。さらに上記の「肩ロース、ロース、ヒレ」は高価格部位、「ウデ、バラ、モモ」は低価格部位に大別される。両者の価格差は小さくても7、8割、大きいものでは倍近く違う。この両者を同じ豚肉として分岐点価格で評価したらどうなるか。当時は、ハム・ソーセージ用の低価格部位は実際はキロ300円程度で取引されていたので、輸入基準価格546・53円との差額、約250円を「関税」として支払わなければならない。そんなことになったら、輸入卸業者はとんでもない「逆ザヤ」になるので、輸入豚肉を扱わなくなってハムやソーセージがつくられなくなるか、あるいは加工業者が原材料を高額でもしぶしぶ買ったとするとハムやソーセージは庶民には「高嶺の花」になってしまう。

表2-1　豚肉の部位別小売価格

年度	国産豚肉 通常価格（円／100g）			輸入豚肉 通常価格（円／100g）
	かた	ロース	もも	ロース
2019	146	266	175	151
2020	145	266	176	144
2021	144	266	177	144
2022	146	268	180	152
2023	150	270	183	161

資料：（独）農畜産業振興機構調べ
注：消費税を含む。

図2-2　豚部分肉の部位と主な用途（部分肉54kg）

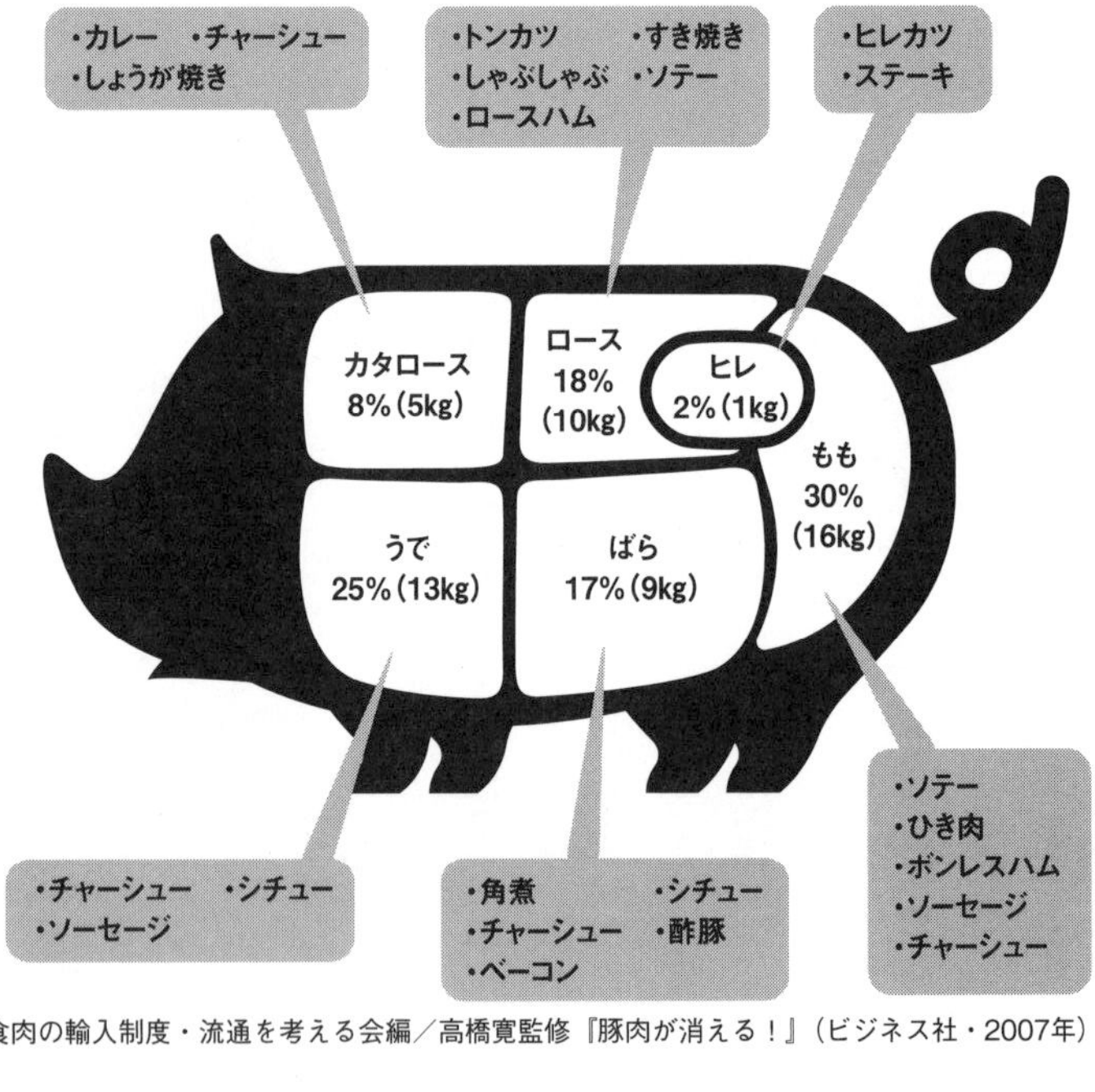

食肉の輸入制度・流通を考える会編／高橋寛監修『豚肉が消える！』（ビジネス社・2007年）

これでは豚肉を「合法的」に輸入するものはいなくなり、前掲の新聞記事が指摘する「虚偽の申告」による「不正」「悪用」を誘因することになる。さすがに農水省はこの危険性に気づいたのだろう。2年後の1973年（昭和48）から、「コンビネーション」なる便法を業界に推奨するようになった。低価格部位と高価格部位を一緒にして（コンビネーション）、1頭の豚の「枝肉」として輸入し、輸入した後はまたばらしてそれぞれの価格で国内市場に流すという方式である。

なお「枝肉」とは、血・皮・内臓を除いて豚の背骨を中心に左右に分割した豚1頭丸ごとのことだが、世界の市場では「部分肉」単位で流通しており、「枝肉」で取引するのは日本市場だけである。

たしかに、こうしてキロ当たり300円で取引されているハム・ソーセージ向けの低価格の冷凍豚肉部位と、700円以上することもあるヒレなどの高価格部位をうまく按配して丸ごと1頭分の「枝肉」に仕上げれば、田邉たち輸入業者は4・3％の関税を払ってすむことになる。それによって加工メーカーも安価で原料を仕入れることができ、その結果消費者も安いハム・ソーセージが買えるという、まことに結構この上ない「三方得」が成立する。

低価格部位で勝負するビジネススキームへ

しかし、妙案に見えるこの「コンビネーション」も、実は「絵に描いた餅」であることを田邉は身をもって体験することになる。

田邉も当初は「コンビネーション」でアメリカからポークを仕入れていたが、いざやってみると、売れるのはハム・ソーセージ用の「ピクニック（「うで」や「かた」と呼ばれる部位）」で、最上級品のテンダーロインはブランド力と競争力にまさる国産の豚肉と勝負にならず売れ残ってしまう。

ちなみにコンテナ1台20トンの部分肉をアメリカから仕入れると、そのたびにテンダーロインが売れ残って毎回百万円以上もの赤字になる。資金繰りのために仕方なく仕入れ値より安く売って「損切り」する。なんのことはない、これではせっかくビーフからポークへ転身をはかって再起を期したのに、かえって息の根を止められかねない。

そこで田邉は、国が推奨する「コンビネーション」方式をやめて、最も利益が見込めるハム・ソーセージ用の低価格部位で勝負することにビジネスモデルを転換した。

実は、業界の大半もとっくの昔に「コンビネーション」は割にあわないので、それぞれが得意とするアイテム部位を個別に輸入するようになっていた。その場合、特に低価格部位のネックとなるのは、差額関税というハードルである。最大の顧客はハム・ソーセージ会社であるため、輸入豚肉の価格決定権は彼らに握られている。その上、原料となる冷凍豚肉の海外相場は差額関税の「輸入標準価格」よりもはるかに低い。その結果、日本の輸入業者は、ハム・ソーセージ会社の求めに応じて、差額関税をゼロに近づけた「分岐点価格」を申告し「関税の最小化」を図ることになる。

当初、大手商社は、この手法で海外の豚肉パッカーから直接輸入して、事後に「書類上の操作」をしていたが、1973年に丸紅、兼松、明治屋、東食など7社が実質的な価格と申告価格の二重契約をしていたとして摘発され、業界に激震が走る。これは、国が「コンビネーション」なる便法を業界に推奨するようになった時期とも重なっていた。

だが以後、業界では「コンビネーション」は普及せず、海外取引の間に大手商社のダミーとおぼしき「輸入商社」を介在させる方式が生まれ、それによって先の新聞記事にあるような「裏ポーク」が業界の一部で常態化する。ハム・ソーセージ会社や大手商社にとっては、不正を覚悟で「仕事」をする「代わりの輸入業者」はいくらでもいるので、「安価な原料仕入れ」に困ることはない。

しかし夢と矜持をもって食肉ビジネスに参入した田邉としては、こうした「業界の常態」を容認するつもりも、摘発覚悟で「仕事」をする気もさらさらなかった。

田邉がビジネススキームを「コンビネーション」から「部分肉輸入」に転換するにあたって、他の商社とは大きく一線を画したことが2つあった。

一つは、ダミーの「ペーパーカンパニー」を介在させないことである。田邉は輸入業務を仲介するグループ会社を海外と日本国内に設立したが、それらは自らのスタッフを派遣した実体のあるものだった。

海外グループ会社との経理処理について、以前は海外の支払いの遅れや未払いは、日銀に届け義務があったが、「金融自由化」によって輸出者と輸入者の双方が了解すれば、日銀に報告義務はなくなった。つまり「買掛額」が膨らんでも「違法」ではないと、香港の会社の会計士と税理士、そしてナリタフーズの税理士から「お墨付き」を得ていた。

もう一つ、他の商社と大きく一線を画したものは、「違法なことはしていない、間違っているのは差額関税制度のほうである」という確固たる信念である。それには法律的裏付けがあった。課税価格を決定する関税定率法4条である。その条文をよくよく読んでみると、「輸入者と輸出者に間に資本関係があったり、同じ人が取締役を併任している場合などの特殊関係がある場合に一般に輸入されている商品の価格を課税価格とする」とまで定めているではないか！　田邉は分岐点価格で輸入申告することはまったく問題ないと確信した。

おそらく田邉以外の食肉輸入業者は、内心では「違法行為」をしていると思っていた。だから摘発をうけると「脱税されたとされる金額」を払い、介在させたダミー会社を切り捨てて他に替える。いっぽう田邉は、差額関税ができて20年後に遅れてポーク業界に新規参入したことで、かえって業界の「問題点」がよく見えた。いまや「農民も消費者も護れず、両者を仲介する輸入業者も守れない」制度に形骸化している。それをつくった国（税関、大蔵省、農水省）も気づいていても、今更「間違いでした」とはいえないので残りつづけている「トンデモ制度」だと田邉自身は見抜いていた。

こうして田邉は、「コンビネーション」をやめると、もっとも引き合いのある部分肉を主力商材にして、正々堂々と海外の大手パッカーと国内の大手実需者との間をとりもつ輸出・輸入の仕事を始めたのである。

その後、「裏ポーク」をめぐる摘発が何件かあったが、田邉には「おとがめ」はなく、事業の先行きを確信した。

そして「摘発覚悟で〝仕事〟をする怪しい人々」を介在させず、一連のビジネスの流れに自分自身が直接関わることができたために、ビジネスコストを最小化できた。すなわち「より大量に買い入れることで、どこよりもより安く仕入れてより安く売る」というシンプルかつまっとうなビジネスモデルによって、最終顧客であるハム・ソーセージ会社との取引を勝ち得たのである。

デンマークのディニッシュクラウン社と取引開始

こうして田邉は、「差額関税制度」という複雑怪奇、かつ理不尽なシステムの下でも創意と工夫を凝らして事業を伸ばしていった。

IBPを窓口にしたアメリカ産ポークでスタートを切り、2年ほどで顧客にカナダのパッカーを加えた。さらに大きく飛躍をとげることができたのは、欧州最大のパッカーであるデンマークのディニッシュクラウン社との取引だった。それにより、日本の輸入豚肉の総量に占める田邉のナリタフーズのシェアは3割以上になる。

先に声をかけてきたのはディニッシュクラウン社だった。ある日、突然、同社の輸出部長のフィン・ラウリツェンから取引の打診があった。それをうけるにあたって、田邉はこんな「作戦」を立てた。

まずは、ディニッシュクラウン社の日本におけるシェアとブランドイメージの確認である。

同社は日本ハムを筆頭に大手ハム・ソーセージ会社と長年の取引があり、日本における欧州産輸入ポークのシェアは50％近くを占めている。ブランドのイメージも群を抜いて高い。ブランドイメージが高いということは、クレームが少なく、大量の取引が可能であると田邉は判断した。

ついで田邉が立てた「作戦」は、取り扱う部位の選択と集中である。前述したように輸入ポークにはいくつかの主要部位があるが、加工原料としては、主にソーセージ向けの「ピクニック」とハム向けの「ロイン（ロース）」の買付量が大きい。このため、それらの価格決定権はハム・ソーセージ会社のコントロール下にあった。唯一田邉がイニシアティブを取れそうなのは「ベリー（豚バラ肉）」と「カラー（豚肩ロース肉）」だった。前者はベーコンやチャーシューや豚丼などに使われ、後者はシャブシャブや生姜焼き、チャーシューなどに使われている。そこで、これら販売先が多様で「寡占化」されていないアイテムにしぼりこんで仕入れを集中させた。

当初の取扱い量は多くはなかったが、しばらくすると、ディニッシュクラウン社側から、ナリタフーズは「ベリー」と「カラー」の定期的な得意先と評価されて優遇されるようになった。時には、価格決定の支配権を握るためにディニッシュクラウン社の在庫を大量に買付けたこともあった。その結果、同社の対日輸出の3割から4割のシェアをナリタフーズが占めるまでになったのである。

ちなみに日本の輸入豚肉におけるデンマーク産のシェアと、ディニッシュクラウンとナリタフーズの業績の経年推移は、第1章の表1-4のとおりであった。

このデータからも、2001年に田邉のナリタフーズがディニッシュクラウンと取引を開始してからわずか3年で、低価格部位で勝負するビジネススキームが大いなる成果を上げたことが明らかである。

ナリタフーズに追い風となったBSE騒動

しかし田邉のポーク・ビジネスを大きく飛躍させた理由は、欧州最大のパッカー、ディニッシュクラウン社との取引が功を奏しただけではない。実は、食肉に関わる歴史的大事件が大きな役割を果たしていたのではないかと思われる。

2003年（平成15）12月24日、アメリカでBSE（狂牛病）感染牛が発見され、2日後の12月26日に日本政府はアメリカ産牛肉の全面輸入禁止を決定。これを境に日本における牛と豚という二大食肉の輸入地図が大きく塗り替えられたのだ。

論より証拠を示そう。

前に掲げた表1-1、1-2、1-3は、アメリカ産牛肉全面輸入禁止の影響が実質的に表れる2004年（平成16）を前後とする3年間の牛肉と豚肉の輸入量の推移と、その間における田邉のナリタフーズの取引額推移を示したものである。（単位は1000トン）

1　2003年末のアメリカでのBSE牛発覚によるアメリカ産牛肉禁輸により、翌2004年度から牛肉の輸入は激減、その後も回復は見られない。

2　いっぽう輸入豚肉は、同じ2004年度から輸入牛肉の減少分とほぼ同量を増やす。

3　ナリタフーズは輸入豚肉の増加分約11万トンの2～3割を担っており、BSE騒動による牛肉と豚肉の「輸入量の相殺」に重要な役割を果たしている（なお、ナリタフーズの2005年度の業績の「微減」は、ある事件が影響したものと思われるが、それについては次章で詳しく記す)。

すなわち、BSE牛発覚によるアメリカ産牛肉禁輸が、ポーク・ビジネスの「追い風」となったのは間違いなさそうである。逆に、こうも言えるかもしれない。1993年の「冷夏」がなければ、いや「冷夏」があってもビーフ・ビジネスに踏みとどまっていたら、田邉のビジネスはおそらく息の根を止められていたであろう。当時の田邉の取引先の9割がBSE騒動で禁止されたアメリカ産だったからだ。

しかし、幸いなことに、すでに田邉はビーフからポークへシフトしており、そこへBSE騒動をうけたアメリカンビーフの輸入禁止により輸入豚肉の需要が急増する。これが田邉のビーフからポークへの事業転換にとって大きな弾みとなり、田邉のナリタフーズの快進撃へつながったことは間違いないだろう。その結果としてではあるが、牛丼という「国民食」の存亡の危機を救っただけでなく、輸入牛肉の激減でたんぱく源不足の危機に陥った日本人の健康維持にも寄与したことは、第1章「日本人の食と健康を救った男」で詳しく述べたとおりである。

新たなビジネススキームへのチャレンジとともに、BSE騒動を「追い風」にして、田邉はジャンプアップを図ることができ、ついに再起のロードマップがはっきりと見えてきた。

田邉の愛読書である山本周五郎の『ながい坂』の主人公、三浦主水正を田邉になぞらえれば、これまでバブル崩壊、歴史的冷夏、BSEと何度となく大きなつまずきにあいながらも「ながい坂」を辛抱強く昇るなかで、ようやく「いただき」らしきものが見えてきた。そして、「これで食肉ビジネスの先達である父親を超えられる」と田邉は一息ついたかもしれない。

しかし、それは「ながい坂のいただきらしきもの」を前にした「束の間の安息」にすぎず、突然「ながい坂の下の奈落」へ転落するはめになるとは、しかも自信と信念をもって始めたビジネススキームがその引き金を引くことになるとは、田邉自身は知るよしもなかった。

第3章

暗転

1　逮捕・裁判

国税庁の査察と横浜税関の捜査が入る

田邉正明は、1990年代初頭のバブル崩壊と冷夏という2つのつまずきを、主力アイテムをビーフからポークに切り替えることで乗り越え、BSE騒動を追い風にして対日輸出の3割を扱うまでになった。食肉のワールドトレーダーという少年時代からの夢はかないつつあった。

日本経済はバブル崩壊の痛手がいまだ癒えずに長期低迷をつづけていたが、食肉業界はBSE騒動でダメージをうけたビーフを除けば、旺盛な消費者ニーズをうけて堅調だった。とりわけ輸入ポークは順調な伸びをみせ、まだまだいけると田邉のビジネスマインドを大いにふるい立たせた。

ところが2005年（平成17）が明けるや、これまでの「明」は「暗」に反転、田邉のビジネスマインドも少年時代からの夢も無残にも打ち砕かれる。

2月3日、突然ナリタフーズが本社を構える柏のオフィスに、国税庁の捜査が入ったことが「暗転」の始まりだった。

国税の調査ということで「ひょっとして申告漏れか」と身構えた田邉は拍子抜けした。というのも、その後数回呼び出しをうけたが、結局、税金を取られるどころか、「消費税の還付があります」

と告げられて税金が戻ってきたからだった。

しかし田邉は拍子抜けしながら、なにやら気味の悪い予感をおぼえた。

引き上げ際に若手の国税庁職員が「この書類はいただいていきます」と言って、経理事務の伝票から契約書など多くの書類を持ち去っていった。

田邉の気味の悪い予感は的中した。

それから2か月後の4月20日、今度は横浜税関の取り調べが始まった。前回の国税の査察とは違って本格的で大掛かりだった。日々の営業に影響のある書類はすべて差し押さえられ、ナリタフーズ以外の取引先にも調査が入った。捜査責任者は木元隆一といい、肩書は横浜税関監視部審理官（検察第一部門）、麻薬が専門という触れ込みどおり厳しい目つきで部下に指示をしていた。

田邉は捜査が始まる前にスタッフ全員を集めると、こう告げた。

「突然のことで、みんなも驚いているようだが、捜査には全面的に協力してください。私たちはまったく違法なことはしていませんから」

その日の立ち入り捜査が終わったのは夜の11時を回った頃だった。田邉は最後まで付き合ってくれた社員を近所の居酒屋へ誘って翌日2時すぎまで慰労した。

そのうちの一人の女性社員は往時をこう述懐する。

「（田邉）会長は落ち込むどころか、どんとこい！　という感じで頼もしく思ったものです。それにしてもあれから17年も国と争うことになるとは、その時は思ってもみませんでした」

「ハムソーが一番悪い」と税関調査官

田邉は週に一度の頻度で横浜税関に聴取のために通うことになった。

そのなかで、彼らの狙いがはっきりしてきた。田邉の主力ビジネスであるポークの輸入業務が「差額関税制度に違反している」ことを立証して摘発したいらしい。

前章の「6　ビーフからポーク」で述べたように、ほとんどの豚肉輸入業者は今も差額関税制度を容認し、「関税の最小化」を図るためダミー会社などを介在させて「分岐点価格申告」を行っている。これに対して、田邉は、「間違っているのは差額関税制度のほうである」という確固たる信念のもと、輸入業務を仲介する実体のあるグループ会社を通じて、正々堂々と海外の大手パッカーと国内の大手実需者との間をとりもつ輸出・輸入ビジネスを展開。起業以来、摘発を受けたことは一度もなかった。差額関税制度をつくった国も今や「生産者も消費者も守れず、両者を仲介する輸入業者も守れない」制度に形骸化してしまっていると気づいているとばかり思っていた。

それが今になって「差額関税制度違反」として取り調べを受けることに、田邉としては納得がいかなかった。そこから見えてきたのは、「国の制度」に逆らう者は徹底的にたたくという「お上」の強い意思だった。

田邉を驚かせたのは、差額関税制度違反を取り締まる最前線にいる彼ら税関職員も、この制度は誰も順守できない。裏を返せばポークの輸入をすれば全員が「違反者」になる、さらにはその背後にはハム・ソーセージ会社がいると承知していることだった。それを知ったのは、週に一度の聴取を重ねるうちに敵同士ながらなんとなく気脈が通じるようになった木元捜査官がふっと口にした田邉への「遅きに失した忠告」だった。

「田邉さん、こんな豚肉の輸入は、みんなやってんだよ！　ハムソー（ハムソーセージ会社）が一番悪いんだよ！　今からじゃ遅いけど、まず目立っては駄目！　それから社員に徹底的に法律を理解させる！　最後に周りに気をつける！　田邉さんはこの3つ全部がダメだったのよ！」

輸入豚肉の大半はハム・ソーセージの原料となるため、田邉たち輸入業者は「価格決定権」をもつ「ハムソー」の意向に沿って、販売価格を分岐点価格に近付ける操作をせざるを得ない。すなわちハム・ソーセージ会社は輸入業者に「差額関税制度違反」という「危ない橋」を渡らせて自分は安全な場所で最大の利益を得ていることを暗に指摘しているのだった。

おそらく木元の「遅きに失した忠告」は、「差額関税制度はたしかに問題と欠陥だらけだが、『悪法も法』なのだから、遅ればせながらそれを犯したことをみとめて謝れば情状酌量してやる」との誘い水だったのかもしれない。しかし田邉からすれば、間違っているのは差額関税制度であり、そんな「悪法」は廃止すべきであって従う気などまっぴらだった。

東京税関上席調査官の発言メモ

横浜税関の捜査が終わりに近づき、このままでは「起訴」される可能性が高いとの判断から、弁護士とも相談して「要請書」を提出することになった。それにはうってつけと思われる「証拠物件」を田邉は手に入れていた。

それは2006年（平成18）5月11日、東京税関の速水上席調査官がカナダの大手パッカー、メイプルリーフ社の東京事務所を訪れた時の事務所サイドによる「メモ」である。田邉は同社とは長年の付き合いがあることから入手したものだった。

この「メモ」によると、速水上席調査官は「文書で残さないでください」と前置きした上で、以下の要旨の発言をしていた。

「税関内部では、30年前の文書（1頭のセット買い）が今でも幅をきかせている。現在主流になっている1本単価（コンビネーション価格）での販売が果たして合法なのかどうかということが議論になっている」

「名古屋税関と東京税関で差額関税制度に関する認識を、財務省のトップに判断を仰ぎに行った。結論としては『返事なし』であった。トップが何のアクションも起こしてくれない。認識がグレーのままでは我々は身動きがとれない。問題点は、差額関税制度の認識が非常にあいまいのまま、この制度が続いていること。認識も時代とともにかわってきている」

「行政庁内部で意思統一ができないほど取り扱いが混乱していることは、現在において差額関税制度が立法当初の機能を果たしておらず、もはや役割を失っていることの証左である」

「そうなると東京税関も（他の税関と）同じ立場を取らざるを得なくなり、すべての輸入者が違法としなければならない」

速水上席調査官は、問題点を指摘した上で、最後にメイプルリーフ社にこう要請している。

「ある税関では通関をストップし、ある税関では問題なしで、名古屋税関はどう対処していいか悩んでいるので、カナダの本社から日本の当局へ豚肉の関税に対して質問を出して欲しい」

（速水の要請をうけメイプルリーフ本社から日本の当局へ質問がなされたかどうかは不明である）

この「メモ」はある意味で差額関税制度の「無効性」を指摘した内部告発であり、差額関税制度違反容疑による田邉の逮捕・起訴を断念させる「重要な武器」になりうる。そう田邉と弁護士は判断、国税と横浜税関による調査から約2年が経過した2007年（平成19）2月5日、要請書とこの「メモ」を携え、横浜税関の本館を訪ねた。

応対したのは木元主任捜査官と直属の上司と思しき人物の2人だった。要請書に目を通しはじめた木元は、東京税関の速水上席調査官のくだりになったとたん、突然怒りを爆発させた。

「この原本はどこにあるのか？　誰が書いたのか特定はできているのか？」

同席した弁護士が言いよどんだので、田邉がかわりに返した。

「書いた本人は特定できます！　私も知っている人物です。その人から名古屋税関の担当の方の名前も特定できます」

核心をつかれた木元は怒りが収まらず、上司の手前もあってか終始威圧的な態度をとりつづけた。

2007年2月、差額関税脱税容疑で逮捕

この「爆弾上申書」の効果のほどはどうだったか？　本来は田邉の逮捕・起訴を回避させるのが狙いだったが、残念ながら、結果としては藪をつついて蛇を出してしまった。

横浜税関に要請書を提出した翌日の2月6日、田邉が午前5時ごろに起床して日本経済新聞の社会面を開くと、「ナリタフーズ社長逮捕」の大見出しが目に飛び込んできた。検察がしばしばやる手法だが、「検察は悪を懲らしめる正義の味方」という演出効果を期待して事前にマスコミにリークしたのだろう。役員たちに電話をするが誰も出ない。テレビをつけたままにして身のまわりの衣類を用意していると、役員たちから連絡が入り、会社に早刻集まるように指示。7時になると、NHKの定時のニュースで大々的に「ナリタフーズの田邉正明社長、差額関税脱税容疑で逮捕」と報道された。タクシーを用意していたが、マンションの呼び出しフォンがなり、河原将一千葉地検検事ら以下6、7名が待ち構えていて、そのまま家宅捜査を始めた。9時頃、検察官に促されて自宅を出るとマスコミが待ち構えていてカメラを向けてきた。ひるむことなく正面の顔を写させると、インタビューに応えて「無罪」を訴えた。

この田邉の逮捕は、田邉はお上に逆らう危険人物とみなされ、この際徹底的に叩き潰し、税関職員の間に差額関税への疑義があることが表に出ないようにするためではなかったか。

田邉の逮捕は、テレビや新聞で全国一斉に大きく報じられた。この時点では、いずれも「法と制

度を悪用して巨額の脱税をした〝悪者〟」扱いだった。以下に有力紙の見出しと記事の一部を掲げる。

▼朝日新聞2月7日朝刊

「ナリタフーズ、脱税容疑59億6000万円　地検調べ、市場対策に消え」

地検の調べでは、同社側は04年1月〜05年2月に823回、デンマークから豚肉を輸入する際、国内価格を参考に定めた基準価格を下回った分を納める差額関税を逃れるため、香港の会社から高い価格で輸入しているように装った会計処理をしていたとされる。実際には直接デンマークの業者から商品を輸入していた」

▼毎日新聞2月7日朝刊

「ナリタフーズ巨額関税脱税　『分岐点価格』近くに偽造」

香港のペーパー会社などを介したように装い関税額が最小になる分岐点価格（524円または653円）に近い価格で輸入したように仕入れ書を偽造していた。同社は豚肉を国内に流通させる際、実際の仕入れ価格に1％上乗せした低価格に抑えていたという。関税制度を悪用することで一見、消費者に低価格で豚肉を提供したように見えるが、「巨額の脱税」という形で国民の信頼を裏切ったことになる。

▼読売新聞2月7日朝刊

「ナリタフーズ　BSE、鳥インフルで急成長　地検、8か所一斉捜索」

税を免れていた〝裏ポーク〟に捜査のメスが入った。食肉卸大手ナリタフーズによる輸入豚肉の差額関税脱税事件。千葉地検に関税法違反容疑で逮捕された同社社長、田邉正明容疑者らは、BSE問題などで豚肉の需要が高まる中、デンマーク産豚肉の輸入販売で同社の業績を急速に伸ばしていた。しかし、急成長の背後にはダミー会社を経由して価格を操作する不正輸入があった」

2008年5月、千葉地裁で初公判

田邉は自宅前で逮捕されると、そのまま「容疑者」として千葉刑務所に併設された拘置所へと移送された。「推定無罪」が近代法理の大原則なのに「人権無視も甚だしい」と海外から批判がある扱いを田邉は身をもって体験することになる。自費で弁当を食べて1時間程度聴取を受けると、素裸にされ、屈辱的な姿勢を強制させせられた身体検査、そして毎日のように続くキツネ目検事による長時間の取り調べ、3畳ほどの狭い居室——。

しかし聞きしにまさる人権無視の扱いに田邉は意気消沈するどころか、「何も間違ったことをしていないのに、なぜこのような仕打ちをうけなければならないのか?」とわきあがってくる怒りをおさえきれなかった。

BSE騒動で牛肉がアメリカから入らなくなったとき、田邉が輸入したベリー(豚バラ肉)、カラー(豚肩ロース肉)で、吉野家をはじめ外食産業と消費者が助かったのではないか! もし田邉が「差額関税制度」を厳守していたら1キロの豚肉も入らず、国民は深刻なたんぱく源不足に陥ったかもしれないではないか!

檻の中で理不尽さに憤りをつのらせながら、冷静になってみると、わが身がおかれている状況の深刻さに気づかされた。国税の査察の直後に税関の調査が入り検察に逮捕されて檻の中へ——この2年間にわたる動きは明らかに周到に準備されたものだった。だとしたら、今後の闘いは容易なことではない。だからといって、キツネ目の検事が取り調べのなかでほのめかす「罪を認めて『改悛』すればいい余生が送れる」の誘いに乗ることなど断じてできない。間違っているのは「差額関税制度」であって、それを弾力的に運用した田邉正明ではない！

わが身にふりかかったこの理不尽きわまりない容疑を、なんとしても晴らすだけだ。そのために、これまで40年間近く食肉に注いできたエネルギーを国を相手にした闘いに振り向けようと、生来の闘志がわいてきた。

２００７年（平成19）８月２日、田邉は保釈金５億円をつんで、６か月もの間閉じ込められていた檻からようやく出ることができた。

差額関税制度に疑義を報じるマスコミ

国内では安倍晋三首相が突然辞任し自民党が参院選で大敗。世界ではアメリカで起きたサブプライムローン問題で経済が大混迷に陥った。年が改まって２００８年（平成20）に入っても、福田康夫首相から麻生太郎首相への自民党政権のドミノ倒しがつづき、世界経済はついに金融恐慌を招来するまでになった。

国内外が大きく揺れ動くなか、田邉は理論武装をし、5月16日、千葉地裁で開かれた初公判に臨んだ。

検察側は「被告は多額の関税を逃れるためダミー会社を取引に介在させ、関税額を偽って申告した」と指摘。これに対して田邉と弁護側は、「輸入名義人は独立した別会社でダミーではない」と無罪を主張、「より安く仕入れる営業努力が報われないどころか逆に罪に問われる差額関税制度は廃止すべきだ」と求めた。

ここで注目すべき動きがあった。

一つは、検察側が冒頭陳述で述べた以下のくだりである。

「業界では当初、平均単価を上げて税負担を軽くするため、ヒレやロースといった高価格の部位と加工用に使われる低価格の部位を組み合わせていた。しかし、高価格部位の売れ残りの危険性があるため、輸入の際に輸入価格を基準値に近づけた虚偽の仕入れ書を使う『裏ポーク』が国内流通量の9割を占めるようになった」

先に述べたように、国は本来の輸入申告ではあり得ない「コンビネーション」という「便法」を業界に推奨することで「差額関税制度」を守ろうとしてきた。すなわち切り落としなど低価格部位とヒレやロースなど高価格部位を一緒にして1頭の豚の「枝肉」として輸入、全体で「分岐点価格」に近づける方法である。ところが検察の「『裏ポーク』が国内流通量の9割」の指摘は、「合法的便法」とされる「コンビネーション」は1割ていどで、もはや「差額関税制度」は機能していない——すなわち「無用の長物」どころか「阻害物」になっていることを国が自ら認めたことに他ならない。

もう一つ注目すべき動きは、差額関税制度をめぐるマスコミの論調の変化である。

２００８年5月17日の「朝日新聞」朝刊は、田邉の初公判を報じた記事の中で差額関税制度について次のように言及している。

「『豚肉の中でも加工品用となる低価格な部位ほど関税が高くなる』などとして業界から批判の声も上がっている」

「不正に豚肉を輸入したとして食肉輸入会社とその社長らが関税法違反に問われた裁判で東京地裁が05年12月、社長らに有罪を言い渡す一方、『輸入業者の経営努力が報われないなどの批判がある』と指摘しつつ、『制度を維持するのか改変するのかは立法府や国民の判断に委ねられている』と述べている」

2年前の田邉の逮捕時には、マスコミはもっぱら田邉に的をしぼって「法と制度を悪用して巨額の脱税をした〝悪者〟」扱いだったが、今回は田邉の「罪」の前提とされる「差額関税制度」に疑義を呈しており、これは田邉にとって歓迎すべき援護射撃であった。

三菱商事がデンマーク産の冷凍豚肉輸入で、45億円を脱税

田邉の事案の初公判から3か月後、田邉に疑念と憤りを募らせる事件が起きた。

三菱商事がデンマーク産の冷凍豚肉をダミー会社を経由して輸入し45億円を脱税したとして摘発

されたにもかかわらず、「刑事告発は行われずに捜査は収束した」というのである。

これを報じた読売新聞朝刊（2008年9月1日付）にもあるように、「デンマークからの冷凍豚肉の輸入量はおよそ年間20万トン。このうち3分の1ずつを三菱商事と、関税法違反（脱税）の罪に問われた食肉卸大手『ナリタフーズ』が占めている」ことから、田邉にとっても「他人事」ではなかった。

しかし同紙によれば、「三菱商事の不正取引は1998年頃から続いていた」のに「東京税関の調査は2005年の一定期間分」にしか及ばず、「ある食肉業界関係者は『天下の三菱商事がやっているからと、他の食肉卸会社の不正も絶えなかった』と指摘している」。とすれば、むしろ田邉のナリタフーズの事案よりタチが悪い。にもかかわらず税関は告発を見送り、捜査収束となった。

逮捕拘留されたわが身と比べて、この違いはいったいなぜなのだ!?

疑念がつのる田邉の脳裏に、3年前、そもそも田邉の人生を暗転させる発端となった、横浜税関に出向いての（初めての）取り調べのシーンが思い浮かんだ。木元捜査主任はいきなりこう切り出したのである。

「田邉さん、誰か議員さんを知っていますか?」

田邉には、業界がらみで有力政治家と深くはないが付き合いがないわけではない。何人か名前をあげようかと思ったが、「脱税」されたとされる金の一部が議員に流れていると勘繰られては迷惑がかかる。

そう判断して、「別にいません」と答えた。

しかし今から思うと、田邉のバックに有力政治家がいれば「おめこぼし」をしてやってもいい、あるいは、その政治家の実力次第では「おめこぼし」をしないと後で木元たち現場が「おとがめ」を受けるというシグナルだった。

というのも、長年付き合いのある食肉業界に詳しい人物によると、三菱商事が駆け込んだ先は同社の元社員C。叔父はカミソリの異名をもつ自民党の実力者で、その地盤をついで国会議員になっていた。Cは東京税関幹部を呼びつけると強く「善処」を求めた結果、「捜査収束」となったというのだ。

1審、2審ともに敗訴、懲役2年4月の判決

田邉は横浜税関の取り調べで政治家のコネを使わなかったことを後悔はしなかった。そして、ここに至って、今さら政治家のコネを使う気もなかった。

間違っているのは「差額関税制度」であって、それを弾力的に運用した田邉正明ではない！　誰も守ることができないから誰も守らない「差額関税制度」は廃止すべきである！

引き続き、この主張を真正面から訴えて闘っていくしかない。それによっていかに厳しい判決が下ろうとも覚悟の上だった。

三菱商事の事件が明るみに出てひと月もたたない２００８年９月29日、論告求刑公判が千葉地裁

であり、検察側からの求刑は「田邉に懲役3年6月、罰金2500万円、ナリタフーズに罰金2億5000万円」だった。

それから何度か公判で検察と弁護側で応酬があり、年をまたいだ2009年2月26日、千葉地裁で判決が言い渡された。「課税制度を軽んじる態度には強い非難が向けられるべきだ」として下された量刑は、「田邉に懲役2年4月、罰金1500万円、ナリタフーズに求刑どおり罰金2億5000万円」であった。

「差額関税制度は違憲」とした主張が退けられた田邉たち弁護側は即日控訴した。ほぼ1年後の2010年（平成22）3月30日、控訴審判決の東京高裁では、1審の千葉地裁判決を支持、田邉たちによる控訴はあえなく棄却された。

ここまでに裁判だけで3年間、国税の調査から起算すると実に足掛け5年が経過していたが、連戦連敗だった。

その間に、田邉はエネルギーの主力を裁判に向けたため、本業のポークビジネスはおろそかにならざるを得なかった。2004年度のナリタフーズは、年間売上げ約856億円。日本に輸入された豚肉の実に27%を取り扱う隆盛を誇ったが、国税調査が入った翌2005年度には、年間売上げが約797億円、2006年度には約316億円と減り続け、裁判がはじまった2007年度は約25億円に、そして2008年にはついに「開店休業」に追い込まれる。

罪が確定してもいないのに59億円とされる「脱税」分の取り立てによって、ナリタフーズ所有の土地、預金やゴルフ会員権など約3億円相当が差し押さえをくらって「兵糧」もつきかけていた。

いっぽう、前年の2009年には民主党による歴史的な政権交代があり、「八ッ場《やんば》ダム建設」が中止になるなど、司法にも「逆転現象」が起きつつあったのは、田邉の裁判にとっては明るい兆しだった。

残された闘いの場は最高裁での上告審のみだった。文字どおり人生をかけた最後の闘いへむけ、田邉と弁護団は、5年にわたる連戦連敗を乗り越えて、乾坤一擲《けんこんいってき》の逆転勝訴にむけて闘いの布陣の組みなおしを迫られていた。

2 〝民暴〟弁護士との確執

売れっ子弁護士の正体は

国税の調査から起算すると足掛け5年、裁判だけでも3年間をついやして、「差額関税制度」は憲法違反であり、したがってそれを根拠に逮捕・起訴された田邉は無罪であると訴えつづけたが、しかし千葉地裁の1審、東京高裁の2審ともに、あえなく却下。このままでは、最後の闘いとなる最高裁の上告審での逆転勝利の可能性は万に一つもなさそうだった。

なぜ1審、2審と「連戦連敗」だったのか？　それを探り当てる中からしか展望は切り開かれない。逆転勝利のための乾坤一擲の策も出てこない。

今から振り返ると、「連戦連敗」の主因は裁判闘争の戦術にあったというよりも、弁護士の性癖・骨柄によるところが大きかった。そこで時計の針を巻き戻して、この破天荒な弁護士に振り回された5年間を語り直すことで田邉の裁判をめぐる〝不都合な真実〟を明らかにしよう。

田邉は、2005年4月に横浜税関から「呼び出し」がかかった時点で「まさかの時」にそなえてしかるべき弁護士を探し求めて準備に入った。1人は友人の紹介、もう1人は取引銀行のみずほ銀行の紹介で、田邉が主任弁護を託したのは友人に紹介された猪狩俊郎弁護士だった。

田邉より2歳年下の1949年（昭和24）福島県生まれ、1968年（昭和43）慶應大学法学部入学。1978年（昭和53）司法試験に合格し、1981年（昭和56）に検事に任官。横浜、山口、青森、仙台などの地方検察庁に勤務したのち、1990年（平成2）弁護士登録。「反社会的勢力対策研究センター」代表として、「民暴」（民間企業や行政に暴力団が不当な脅しをかける行為）対応で名前を上げ、テレビにもコメンテーターとしてよく出演していた。

経歴は申し分なかったが、実際に仕事を依頼してみると、聞いたり見たりしているのとは大違い。世間一般の弁護士のイメージとは真逆の「絶対君主」か「暴君」だった。

打ち合わせに1時間から2時間遅れるのは当たり前。田邉の食肉業界だったら一発で「退場」なのにと、弁護士業界との落差に呆れるばかりだった。4〜5人の若手弁護士と田邉をさんざん待たせたあげく、しばしば酒気をおびた「赤い顔」で最後に姿をみせる。若手弁護士がそれぞれの検討課題について文章に認《したた》めた内容を猪狩がチェック、彼の修正や指示については一言も反論を許さない。

ある日、めずらしいことに若手弁護士の一人が異論を唱えたことがあった。すると、猪狩からいきなり頭をおもいきりぶん殴られ、他の弁護士たちは下をむいたまま黙っているだけ。これでは弁護士事務所というより暴力団の組事務所ではないかと、呆気にとられた。

猪狩の「暴君」ぶりは事務所内だけではない。

横浜税関の調査が最終局面に入り、田邉の起訴を回避するために、東京税関の速水上席調査官の「メモ」を差額関税制度の無効性を指摘した「証拠物件」として、猪狩弁護士と部下の若手弁護士とともに提出した時のことだった。

対応した横浜税関の木元審理官が「メモ」に意表をつかれて怒りを爆発させ、「その原本はどこにあるのか」と質した。田邉が「本物はありません」とその場をかわした。

猪狩がカミナリを炸裂させたのは横浜税関本館の近くの喫茶店に入ったとたんだった。客がいるのもお構いなく、部下の弁護士を大声で怒鳴りまくった。

「なぜコピーなんだ、弁護士だから、わかっているだろう。原本でないと認められないのは！　恥をかかすな！」

この若手弁護士は、この「失態」で猪狩の逆鱗に触れたため事務所をクビになってしまった。

猪狩弁護士は仕事上では「暴君」、仕事外ではとんでもない「セクハラ男」でもあった。打ち合わせ後にときおり、銀座のクラブで接待すると、酔うほどにはめをはずし、ホステスに目を背けたくなる行為に及ぶ。

「いったいこの男の精神構造はどうなっているのか」と田邉が不安に駆られたことは一度や二度ではなかった。

つのる猪狩弁護士への疑念と不信感

それでも田邉は、「猪狩氏は元検事で政治的事件を多く経験している」と信頼のおける友人から太鼓判を押されて紹介されたこともあり、「暴君」や「セクハラ男」であっても仕事ができれば「よし」としようと割り切ることにした。そして「本来の仕事」をしてもらうためには、お互いの理解をより深めなければならない。そうでないと、単なる「請負仕事」と受け取られ、その結果、「やらずぼったくり」となってはたまったものではない。

そこで、田邉の仕事を理解してもらい、互いに胸襟を開いて「男と男」で話し合おうと、田邉が牧場を経営している北海道は東日高の浦河町へ招待した。

浦河町長や浦河町の有志に声をかけてバーベキューパーティーで楽しく過ごした。それによって、田邉が浦河町の経済にいかに貢献しているかを理解してもらえたようで、その後の猪狩の田邉に対する姿勢がガラッと変わったように見えた。たとえば、離婚して自分の息子を海外に留学させてその費用が大変だとか、ヨットが好きで時々彼女を連れて大島へ行っていることなど、プライベートの話をしてもらえる仲になった。

これで田邉と猪狩の間の人間的な距離は縮まったように見えたが、時が経つにつれて「猪狩弁護士はほんとうは『仕事』ができない」か、「仕事ができたとしてもやる気がないのではないか」という疑念が膨らんできた。

その「疑念」がやがて「確信」へと変わったのは、弁護団との定例会議で田邉が「セーフガード」（128ページ参照）の説明をした時だった。

その経緯を弁護士たちに理解してもらうために、白板に「基準輸入価格546円」と「セーフガード価格654円」と書きだすと、猪狩から、

「田邉さん、私は数字が出ると、頭脳が停止してしまう。やめてくれ！」

と待ったがかかった。

田邉はムッとして腹の中で、「なんだ、この弁護士は！　税金の問題なのに数字がわからないなんて、とんでもない！」と悪態をついたが、口には出さずにこらえた。

納税負担義務はなく、「脱税容疑」にはあたらない

猪狩弁護士への「疑念」が一段とつのる出来事が、その後も起きた。こちらのほうがより深刻だった。

2007年（平成19）2月7日、田邉が「脱税容疑」で千葉拘置所に拘留されて2か月ほどした

時だった。弁護士以外は面会禁止のため、本の手配、衣類の差し入れ、会社の状況の報告などの受け取りは1週間に2回ほどサブの弁護士が担当してくれていた。ある日、珍しく主任弁護士の猪狩が面会に訪れた。午前中だったのに赤ら顔で、明らかに二日酔いだった。

田邉にとっては、今後の裁判の方針を相談する絶好の機会なので檻の中で練っていた「無罪の理論」の一つである「異議申立人は関税法第6条における納税義務者にはあたらない」という主張を記したノートを見せた。その趣旨は——

「関税法6条では最終受益者を『貨物を輸入する者』として納税義務を負うと定義している。輸入豚肉の場合、この最終受益者とはハム・ソーセージ会社であり、輸入業者は通関・送金等の手続きを行う「運び屋」にすぎない。したがって、差額関税制度を前提にしても、田邉には納税負担義務はなく、脱税容疑にはあたらない」

というものである。

すると猪狩弁護士は、初めて見るような寝ぼけた目つきで田邉のメモをガラス越しに覗きこむと、自身の手帳に書き写した。

「いい加減にしろ！　私の問題を引き受けて何か月も経つのに、『関税法規精解』も読んでいないのか！」

と怒鳴りつけたかったが田邉は我慢した。我慢するしかなかった。今さら弁護士を替えて複雑で特殊な裁判をやり直すことなど不可能に近い。このときほど身柄を拘束されて自由に動けない身を無念に感じたことはなかった。それでも、猪狩弁護士が自らの「無知」を二日酔いで忘れないようにと書き写したことを良しとして、今後の裁判の展開に生かされるのを期待することにした。

「負けるつもりで裁判をしている」猪狩弁護士

しかし、田邉の「淡い期待」は残念ながら実を結ばなかった。

田邉は2007年8月2日、6か月間の拘置から保釈されると、さっそく弁護士たちをまじえて裁判の準備に入ったが、猪狩弁護士は相変わらず会議に1時間から2時間は平気で遅れてくる。また第2審へむけ、東京高裁刑事部あてに「主任弁護士猪狩俊郎」の名で「弁論要旨」が提出されたが、その内容は、前述した拘置所の面会で田邉が話した「関税法第6条における納税義務者にはあたらない」の反論をはじめ、田邉の提案をほぼそのままなぞって法律用語でブラッシュアップしたにすぎず、弁護士としての独自性はほとんど見られなかった。

ある時、猪狩がポツリと「田邉社長も、巌窟王になってしまう!」ともらすのを聞いて、「本心を見たり」と怒りがこみ上げてきた。

「巌窟王」とは、アレクサンドル・デュマの長編小説『モンテクリスト伯』の邦訳タイトルだが、猪狩が言わんとしたのは、戦前に殺人罪で無期懲役に服し、戦後冤罪を訴えて認められた吉田石松翁のニックネームである。

ということは、猪狩は無罪を勝ち取る気がなく、敗けるつもりで裁判をしているらしい。現存の法律に対して八方手をつくして依頼人の無実を闘い取るのが弁護士の仕事ではないか。「依頼された仕事を適当にこなせばいい」という本心がみえみえだった。

これでは間近に控えた2審も望み薄だろう。案の定、そんな田邉の予感が、しかも予想もしないとんでもない形で的中したのだった。

高裁判決前日の主任弁護士の自殺

2010年8月29日、東京高裁で2審の判決が下される前日の日曜日の朝だった。猪狩弁護士のサポートをつとめる法律事務所の弁護士から電話が入った。

「田邉さん！　驚かないでください。猪狩先生がマニラでお亡くなりになりました。先生の事務所では箝口令が敷かれて一切理由がわかりません。しかし、明日の高裁判決は予定どおりです」

個人的にも親しくなっており、大島にヨットで遊びにいったとか、彼女の話とかしていた仲なのに、マニラに行っていた話など聞いたことがなかった。

主任弁護士不在で開かれた東京高裁の判決は「却下」であった。

この高裁判決についての新聞各紙の扱いは数行の「ベタ記事」だったが、猪狩の事件については、「マル暴弁護士」が旅先のフィリピンで自殺という衝撃性からマスコミも大きく扱った。読売新聞は、2010年（平成22）8月28日の朝刊社会面で、

「弁護士・猪狩さん、マニラで自殺か」

の見出しを掲げて、現地駐在記者の署名入り記事で次のように報じた。

「フィリピン国家警察によると、マニラ首都圏マカティ市の高級住宅地にある民家で27日、第一東京弁護士会所属の猪狩俊郎さん（61）が自室のベッド上で死亡しているのを日本から訪れた知人が発見、警察に通報した。カッターナイフで左手首を切った跡があり、室内からは睡眠薬と見られる錠剤が見つかったため、警察は自殺と見ている。（以下略）」

さらに数週間後には『激突』という自叙伝が光文社から出版された。田邉もさっそく購入して読んでみた。闇社会の裏話が暴露された波乱万丈の物語で一般の読者には面白おかしいだろうが、「当事者」の田邉にはただただ呆れるばかりの内容だった。

「あとがき」には、こう記されていた。

「私の生き方は他人に好かれようと嫌われようと気にしないことだ。一切、媚びへつらわない。それが一貫した生き方だった。細くて長くではなく、太く短く花を咲かせる生き方だった。（中略）まあ不器用な生き方だったと、今更ながらに思う。しかし、やれるだけのことをやってきたという自負もある。それが原点であり、一貫した半生だったと考えるのだ」

このくだりで、準備を入れると足掛け4年間にわたる付き合いで経験した猪狩の「暴君」ぶりが田邉には納得できた気がした。また同書では猪狩の生い立ちと、検事から弁護士になった動機が次のように語られていた。

高校1年のとき映画「ウエストサイド・ストーリー」を観て、「リトルギャング」に憧れて一匹狼的ワルとなり、不良を見つけると「決闘」を繰り返し、最後は背後に暴力団がいるグループに袋叩きになる。以来「暴力団は生涯の敵と誓った。私が反省を通じ、身を挺して暴力団と対決し続けてきたのは、ここに原点があったかもしれない」。

また、検事から弁護士になったもう一つの動機は「別世界の妻」となった「初恋の人への恋慕」があるとして、同書の最後のページにこう記されている。

「私はこれまで様々な事件に遭遇し、全力投球してきた。その活力源は名もない学生だった自分が世に出て立派に生き抜いている姿を見てもらいたかったからだ」

そして田邉にとって、「これが猪狩の言動の源だった」と気づかされたのは、冒頭のページに記された担当編集者による「但し書き」だった。

「本来、このページには、著書の希望により以下の一文のみが、中央に記されていた。

『人は自分の性格にあった事件にしか出会わない』（小林秀雄）」

同書に描かれているのは、もっぱら反社会的勢力がらみの事案と初恋の人への想いであり、田邉の裁判には一行もふれられていない。ということは、猪狩にとって田邉の事件は自分の性格にあわない「例外」だったからではないか。

たしかに関税法にかかわる田邉の案件は、細かい数字と緻密な論理が求められ、およそ強面肉体派弁護士には向いていない。これを事前に知っていれば、いくら信頼のおける友人からの紹介だからといって、猪狩を弁護人にすることはなかったろう。「後悔先に立たず」とは、まさにこのことだった。

それにしても不可解な事件であった。同書の記述から察すると「他殺」説も考えられそうだ。実際、田邉も猪狩弁護士と親しい人物から「自殺ではなく他殺だった」と聞かされたことがある。しかし、真の経緯と背景はどうであれ、主任弁護士が依頼者に何の連絡もなく裁判前日にいなくなる無責任さには、驚きを通りこして怒りを覚えずにはいられなかった。

戻ってくるはずの保釈金が戻ってこない！

猪狩弁護士の話にはまだまだ続きがある。

田邉が拘留されて、その保釈金5億円を差し入れたことがあった。田邉が、最高裁の判決（2012年9月4日）を受け、大田原刑務所に収監された時のことである。弁護士より9月7日に異議申立をしたが9月20日に棄却され、保釈金は当然田邉に戻る。ところが、保釈金は猪狩俊郎名義口座に裁判所から送金されていて、猪狩家族の資産として計上されているため、即支払うことができないと、猪狩家の弁護士から連絡が来た。田邉の弁護士である大川原弁護士が伝えてきた。

自由の身ではない田邉は、本当にその時だけは猪狩に怒りを感じた。一流の大学（慶應大学）を出て、エリート集団と言われる国家公務員である検察官になって、なかなか普通の努力ではなれない弁護士になり、しかも、そのリーダーとして弁護士事務所を経営する人物が、たとえその時亡くなっていても、離婚問題とか、遺産相続とか、ましてや、他人（田邉）の保釈金を猪狩名義で裁判所に放りっぱなしにしていた。どんな理由にしても、無責任この上ない人物であることは間違いない。結局、解決するのに1年以上かかったが、裁判所内でも今後の保釈金の扱いとして話題になったという。

しかし「お金」のことで、世の中の人々がいかに変わるか、すべてが「お金」のために、真実の姿まで変えて見苦しく振舞うことが日常茶飯事になり、当たり前の社会になってしまった。このような意思や行動は、身分の違い、豊かさの違いの差ではなく、むしろ「身分の高い人」や「豊かな人」に多くなっているような気がする。

3 元東京税関長弁護士を擁して最高裁に上告

新しい弁護士は元東京税関長

田邉正明の法廷闘争は、千葉地裁の1審につづいて、東京高裁の2審でも敗北を喫した。「架空の取引ではなく実態があった」との反論をはじめ「無罪」の根拠はすべて退けられる「完敗」だった。その上、主任弁護士を謎の自殺で失うという衝撃的な打撃もあって、さすがの田邉も生来の負けん気も失せて再起は不能と思われた。

ところが田邉は驚異の立ち直りをみせる。

田邉の萎えかけた闘志に再び火をつけるきっかけとなったのは、猪狩俊郎にかわる新たな弁護士との出会いであった。

2審判決からしばらくたったある日、ナリタフーズの裁判関係のスタッフから、インターネットで「元東京税関長」の弁護士を見つけたとの報告があった。興味をおぼえた田邉はさっそく調べてみた。すると名前が志賀櫻。女性かと思ったら男性で、次のような華麗なる経歴の持ち主だった。

田邉より2学年年下の1949（昭和24）年東京都生まれ。1970年司法試験合格、1971年東京大学法学部卒業、旧大蔵省入省、熊本国税局宮崎税務署長、在英国日本大使館参事官、主税局国際租税課長兼OECD租税委員会日本国メンバー、主計局主計官をへて、1993年警察庁へ出向、岐阜県警察本部長、1998年金融監督庁国際担当参事官兼FSF（金融安定化フォーラム）日本国メンバー、特定金融情報管理官兼FATF（金融活動作業部会）日本国メンバー、2000年東京税関長、2002年財務省退官……。

経歴は申し分なかったが、さらに調べてみて田邉はいくつかの危惧を覚えた。

一つは、官僚トップの事務次官が約束されているキャリアなのに東京税関長で退官したことである。どうも「ノーパンしゃぶしゃぶ事件」に絡んでいたことが「傷」になったらしい。1998年（平成10）、スカートの中が裸の女性店員が接客する新宿の高級しゃぶしゃぶ料理屋を舞台に、大蔵省幹部らが銀行から接待をうけていたことが発覚、関係者が起訴・有罪となった事件である。これが遠因となって2001年に大蔵省は改組、財務省と金融庁とに分割された。ただし、志賀櫻当人は当時入省して十数年の「末端」にいて、割りを食って出世コースから外れただけだから、これをもってマイナス評価とするのは気の毒かもしれない。

もう一つの危惧は、財務省退官後、民主党政権下の政府税制調査会の納税環境整備小委員会特別委員を務め、当時「影の総理」と呼ばれた仙谷由人幹事長のブレーンと言われていたことである。前年の2009年（平成21）、歴史的な政権交代が起き、鳩山由紀夫が首相となったが沖縄の普天間基地移転問題で菅直人に交代した。田邉の関係する食肉業界でも、豚・牛29万頭が処分される宮崎県で起きた口蹄疫問題の対応が遅れるなど政権のダッチロールがつづいていた。

そんな危うい政権に近すぎるのはリスクかとも思われたが、これも場合によってはメリットがあるかもしれず、必ずしもマイナス評価とはいえないだろう。

3つめの危惧は弁護士として「新人」であることで、こちらのほうが過去と現在の「瑕疵《かし》の可能性」よりも問題だった。

いくら華麗なる経歴でも実務は別である。肩書倒れになりはしないかとの不安があったが、とりあえず会って判断してみることにした。志賀は「マリタックス法律事務所」の一角に机を借りて弁護士を始めたばかりで、おそらく本格的依頼は、田邉の案件が初めてと思われた。

2009年の暮れ、田邉は志賀に会う。「品定め」をかねて、その場でこう訴えた。

最後の闘いである最高裁への上告は、1審、2審と同じように「事実関係」を正面に据えて争っても今まで同様、却下されてしまう。そもそも「差額関税制度」は誰も守れないし、守らない。そのことを税関も農水省も業界の誰もが承知している。つまり法律と制度が間違っているのに、いまだにほったらかしにされて、田邉をはじめ「冤罪者」がつくられている。この「立法と行政の不作為」を主軸に据えて闘ってほしい。

すると、志賀からは「差額関税制度については東京税関長時代からおかしいと思っていた」との答えが返ってきた。

これなら頼んでもよさそうだ、と田邉は直感した。

猪狩弁護士のようにいくら経験があっても、数字を挙げて差額関税の説明をしようとしたとたん、「田邉さん、私は数字が出ると、頭脳が停止してしまう。やめてくれ！」と待ったをかけたり、また拘置所での面会で田邉が言った「関税法6条によれば田邉たち輸入業者は『運び屋』にすぎないので脱税対象にはならない」との発言をそのままメモするような「関税関連の法律」について関心も知識もないのでは話にならない。

そもそも田邉の事案には類似事例がめったになく、係争経験のある弁護士もそうはいなかった。自から道を切り開いていくしかない、だったらベテランも新人も関係ない。こわもて武闘派のベテラン弁護士の猪狩俊郎よりも、知性派の志賀櫻のほうが新人ながら東京税関長の職務経験からも関税法に明るい分、本件に向いていると思われた。

そこで田邉は「最後の闘い」を志賀櫻弁護士に賭ける決断をした。そして、その賭けは、少なくとも最高裁という巨大な壁に挑むことに関して、見事に的中したのだった。

WTO（世界貿易機関）の「譲許表」を見つける

田邉の「品定め」と「最後の賭け」が「正解」だったことは、すぐに明らかになった。

部下が国会図書館からWTO（世界貿易機関）の「譲許表」という公式文書を探しだしてきた。

「譲許表」とは、2国間または多国間の協定に基づいて対象品目毎に関税率を軽減または撤廃する内容とスケジュールを表にしたものである。

田邉はそれを読み込むと、驚きと後悔を押さえきれずに叫んでいた。

「この譲許表には、従価税と従量税しかない！　差額関税なんてどこにもないじゃないか！」

つまり日本も参加し批准している「世界の貿易ルール」では「差額関税は認められていない」のである。これまで1審も2審も田邉たちは「差額関税制度」が憲法22条1項の「営業の自由」への侵害だと訴えてきたが、司法は「行政の政策の問題で裁判になじまない」として却下した。ところが「差額関税制度」が国際ルールにも違反しているとなると話は違ってくる。闘いの場が一段も二段もレベルアップして国境を超えるからだ。

ワールドトレーダーを目指すと言いながら、ひたすら国内の法律と制度を相手にしていたことに、いったいこれまでの闘いは何だったのかと悔やまれてならなかった。

いうまでもなく「世界の貿易ルール」は「国内法」よりも上位にある。日本は「黒船」に弱い。田邉はこれなら勝てそうだという予感がした。

さっそく「譲許表」を志賀弁護士に示すと、志賀は目を輝かせながらWTO協定の全容資料を持ち込んできた。ここから最後の闘いが始まった。

志賀弁護士も「これで勝てる」と断言、田邉も「逆転勝利は夢ではない」と希望に胸がふくらんできた。

5つの「勝利の方程式」で上告審勝利へ

何回か打ち合わせを重ねるなかで、志賀弁護士が導き出してきた「最後の闘いへむけた勝利の方程式」とは次のようなものである。

1 「差額関税制度」とその法的根拠とされる「関税暫定措置法」は、WTO（世界貿易機関）が定める国際貿易ルールに違反している。その根拠の第一は、「差額関税はWTOでは認められていない」ことにある。これをメインに据えて最後の裁判を闘う。

2 日本はWTOに加盟しており、各種関連協定を批准し、それを守ることを国際的に約束している。

3 日本国憲法98条2項では「日本国が締結した条約及び確立された国際法規は、これを誠実に遵守することを必要とする」と定めている。

4 したがって、WTOで違反とされる差額関税制度とその法的根拠である「関税暫定措置法」は、日本の最高法規である憲法に違反する。

5　これにより「関税暫定措置法」によって罪に問われた田邉正明とナリタフーズは無罪である。

なお先の1審・2審では、1〜4は主張されなかった。そのかわり差額関税制度とその法的根拠である「関税暫定措置法」が憲法22条1項の「営業の自由」に違反するなどと反論した。しかし、「規範性がない」つまり「行政府の問題で裁判にはなじまない」として、却下つまり門前払いで体よく逃げられてしまった。

「マラケシュ協定」が示す差額関税の違法性

前記の「最後の闘いへむけた勝利の方程式」を成り立たせるためには、まずは差額関税制度が国際貿易ルールであるWTO協定のどこにどう違反しているのかを突き止めて立証しなければならない。

前述したように、田邉の部下が国会図書館から探し出してきたWTO協定の「譲許表」には「従価税と従量税だけで『差額関税』の表記がない」という田邉の「発見」が「勝利の方程式」のきっかけにはなった。ただし、それをもって「WTO協定違反」の「直接的証拠」とはならない。「譲許表」には、「日本の差額関税制度はWTO協定違反である」とは明記されていないからだ。

志賀弁護士の下に志賀が間借りをしているマリタックス法律事務所の2人の弁護士がサポート役として加わり、WTO協定について徹底的に調査をすすめ、ついに「直接的証拠」を突き止めることができた。

鍵は「マラケシュ協定」であった。

自由で公平な国際貿易のさらなる前進へ向けて、1986年（昭和61）〜1993年（平成5）にかけ、7年をついやしてGATTウルグアイ・ラウンド（包括的な通商交渉）が行われ、1995年（平成7）にWTOが発足する。日本も加盟するが、その成果としてまとめられた多国間条約が「マラケシュ協定」（開催地のモロッコ第三の都市マラケシュに由来する）である。そして、その膨大な文書の中に「農業に関する協定」があった。その「第4条2項」が差額関税制度に関わるものだと志賀たちは特定した。以下の文面が問題とされた箇所である。

「加盟国は、次条及び附属書五に別段の定めがある場合を除き、通常の関税に転換することが要求された措置その他これに類するいかなる措置をも維持し、とり又は再びとってはならない」

とあり、この「措置」には次の注が付記されている。

「これらの措置には、輸入数量制限、可変輸入課徴金、最低輸入価格、裁量的輸入許可、国家貿易企業を通じて維持される非関税措置、輸出自主規制、その他これらに類する通常の関税以外の国境措置が含まれる（以下略）」

外交行政文書に特有なきわめて難解な文章だが、その趣旨は「関税措置は従価税か従量税だけが認められる。それ以外の可変輸入課徴金や最低輸入価格などの国境措置（輸入品から国産品を守るための対抗的非関税障壁）は従価税か従量税に転換しなければいけない」である。

これでもまだわかりにくいので、さらにくだいていうと「日本の差額関税制度は（可変輸入課徴金や最低輸入価格などの）非関税障壁にあたるので、（価格と重量に一定の関税をかける）通常の従価税か従量税に転換せよ」という要請・指導である。

これは、自由で公平な貿易へむけて加盟国は他国に対して「不当な差別」を行わないというWTO協定の多国間合意からいって当然の帰結であった。保護主義的な政策は短期的には国内産業を守ることができても、長期的には国際的な貿易の信頼性や競争力を損なう。可変輸入課徴金や最低輸入価格などの非関税障壁が禁じられているのは、自由な国際貿易を阻害し、ついには戦争を引き起こしてしまうことを過去の歴史が教えているからだ。

第2次トランプ政権が「日本は非関税障壁が問題だ」と非難し、2025年4月から相互関税を24％に引き上げたが、日本が長年続けてきた差額関税はWTO条約ではまさしく非関税障壁であった。まさにアメリカに関税引き上げの口実を与えているではないか！

ハム・ソーセージ用輸入冷凍豚肉の関税率はなんと82％

なお国際貿易ルールからすると、輸入豚肉をめぐる日本の差額関税制度は可変輸入課徴金や最低輸入価格などの非関税障壁にあたることは明らかである。それを改めて確認するために前提となる差額関税制度について、今一度第2章の図2-1（126ページ）を参照いただこう。

差額関税制度のポイントは、1キロ当たりの「分岐点価格」と、それに4・3％の関税を加えた「輸入基準価格」にある。田邉がポークビジネスに参入した1995年から現在まで、「分岐点価格」

は1キロ当たり524円、「輸入基準価格」は「分岐点価格」に関税分4・3％を加えた1キロ当たり546・53円である。

この「分岐点価格」と「輸入基準価格」を基準にして、この制度が適用されるグループは以下の3つに分かれる。

▼Aグループ（図のA）　1キロ当たり0円から64・53円までの輸入価格に対しては、1キロ当たり482円の関税が取られる

▼Bグループ（図のB）　1キロ当たり64・53円から分岐点価格の524円までの輸入価格に対しては、【輸入基準価格の1キロ当たり546・53円－輸入価格】の差額を関税として取られる

▼Cグループ（図のC）　分岐点価格の1キロ当たり524円以上の輸入価格に対しては、輸入価格の4・3％の関税が取られる

ちなみに田邉のナリタフーズの主要取引品目はハム・ソーセージ用の原料となる輸入冷凍豚肉だが、その国内取引相場は300円前後である。そうなると、基準輸入価格546・53円から仕入価格の300円を差し引いた246・53円が「課税分」となり、関税率はなんと82％にもなる。

2025年現在トランプ米大統領がカナダ、メキシコ、中国に高額関税をかけると脅して、「国際貿易秩序を破壊する関税男（タリフマン）」と批判を浴びている。それとて関税率はたかだか25％である。それに対して日本の差額関税制度のそれはトランプの3～4倍も高く、国際貿易ルールの阻害度ははるかに大きい。

ＷＴＯ加盟国である日本は、「マラケシュ協定」が合意された１９９５年以降、差額関税制度に基づく産品の「国境措置」を順次通常の従価税か従量税に転換する。唯一輸入豚肉だけは転換をせずに今に至っている。

日本も合意している国際貿易ルールである「マラケシュ協定」への違反がいまだにつづいていることを、志賀弁護士たちは白日の下に暴いてみせたのだった。

当局による「ＷＴＯ協定違反」の隠蔽・偽装工作

ここまでくれば、あとは「勝利の方程式」にしたがって、逆転勝利となるはずだが、事はそう単純ではない。というのも日本政府は、現行差額関税制度の輸入豚肉をめぐる貿易措置をＷＴＯマラケシュ協定違反である「最低輸入価格」とは認めず、あくまでも「従量税」と「従価税」との組み合わせであると言い張っているからである。志賀櫻弁護士の著書『国際条約違反・違憲 豚肉の差額関税制度を断罪する』（ぱる出版、２０１１年９月刊）には、こう記されている。

「（政策立案当局は、）従量税率適用部分（図2-1のⒶ）上限輸入価格と従価税率適用部分（図2-1のⒸ）の下限輸入価格を限りなく近づけていけば、結局は従量税率と従価税率等を組み合わせた通常の混合関税制度と同様になるのであるから問題はないとしている」

いかにも苦し紛れの弁明で、このことからも当局者自身が「マラケシュ協定違反」であることを内心で認めている反証といえそうだ。

この「苦し紛れの弁明」をどう追及するかが弁護士のさらなる腕の見せどころであったが、志賀たちはそれを見事にやってのけた。GATTウルグアイ・ラウンドの農業交渉当事者による「偽装工作の自白」ともいえる証言を発掘したのである。

その〝証言者〟は農林水産省食肉鶏卵課長小畑勝裕である。小畑は、「マラケシュ協定」が発効する2年前の1993年（平成5）9月8日、鹿児島県で開催された食肉研究会で講演した。それを収録した講演録によると、どうやって交渉相手を欺いたか、その手口を披露しながら自慢げに語っている（食肉研究会編『自由化後の牛肉流通』の付録「ガット・ウルグアイ・ラウンド交渉結果等の説明」地球社）。

以下に該当箇所を抜粋する。

「この制度そのものをやめろとギリギリのところまであったわけであります。（略）ウルグアイ・ラウンドを4年ほど付き合っているわけですが、今年になってクリントン政権になってから、アメリカは実益型になりまして、制度の仕組みはどうでもいいと（どうでもいいとはいえないけれど）。結局いくら下げてくれるのか、要するに実益としてどのくらい下げてくれるのかということを追求するようになってきたわけであります。そういうことで制度を何とか生かしてくれるのであれば、後はその先、幅を小さくしようと言うことで努力した」

関税率を5%から4・3%に下げることでアメリカに「実」を取らせ、それと引き換えに日本は差額関税制度という「形」を残せたというのである。問題は、そのための手口を明かしている次の発言である。

「関税化の建前がありますので、これを関税にしなければならない。関税の形にするということは国別表に何%だとかあるいはキログラムいくらの従量税だとかいう数字で書かなければならないわけです」

すなわち、差額関税の実態は「WTO協定違反の非関税障壁」であるにもかかわらず、従量税と従価税との組合せだという「偽装工作」をしたと公言しているのである。

これは田邉と志賀弁護士からすれば、「鬼の首」をとったに等しかった。これを「主砲」に据えれば「敵陣」を一気に壊滅させることができると勇み立った。

弁護団は、反撃の論旨をさらに固めるために、1審、2審で主張した次の4点、

▼憲法22条が定める「『営業の自由』への侵害」

▼憲法13条が定める「『幸福権の追求権』への侵害」

▼憲法25条が定める「『最低限の健康で文化的な生活を送る権利』への侵害」

▼「『関税法第三条ただし書き』に対する違反」

を「主砲」の「WTO協定違反」の援護射撃とすることにした。

なお「関税法第三条ただし書き」とは、同法第三条「輸入貨物（信書を除く）には、この法律及び関税定率法その他関税に関する法律により、関税を課する。ただし、条約中に関税について特別の規定があるときは、当該規定による」の「ただし」以下をさす。これに従えば、当然、以下の

結論になる。

1　WTO協定の中の「農業に関する協定第4条2項」では、「日本の差額関税制度は非関税障壁にあたるので通常の従価税か従量税に転換せよ」と強く求めている

2　上記条文は「関税法第三条但し書き」にある「条約中に関税について特別の規定」にあたる

3　したがって、WTO協定の中の「農業に関する協定第4条2項」に従って、日本の差額関税制度は、日本の国内法においても「違法」であり、撤廃されなければならない

こうして最終的に最高裁に提出する「趣意書」が完成。1審、2審の裁判戦術と違うのは、「国際条約違反」と「憲法違反」を全面に打ち出した点で、志賀弁護士は「これで120％勝てる」と意気盛んであった。

田邉も、これだけ理論構成も証拠もしっかりしていれば、「最後の闘いでの逆転勝利も夢ではない」と確信した。時間にルーズで数字が苦手で論理構成力に欠ける猪狩弁護士とは雲泥の差の志賀弁護士が「観音菩薩」のように思われ、思わず拝みたくなった。

「上告棄却」。最高裁で敗訴

ところが2012年9月4日に最高裁第二小法廷で言い渡された判決は、「逆転勝利」どころか1審2審と同じく「上告棄却」だった。理由は、「上告趣意のうち憲法22条1項、25条1項、13条違反」は「立法政策の問題であって憲法適否の問題ではない」。

またもや門前払いだった。

そもそも弁護団が「主砲」に据えた「差額関税はWTO協定違反」については、Wの文字も同協定の関連法規の名称にすら言及がなく、「完敗」というより「完全無視」であった。

その闘いは、2007年2月26日に検察に起訴されてから、千葉地裁と東京高裁への控訴そして最高裁への上告と実に5年7か月にも及ぶ。この間に開かれた公判の総計はおよそ74回、田邉たち弁護側によって提出された書面や意見書は4通、証人は45人にのぼった。

とりわけ最高裁に上告するにあたり提出した意見書は、志賀弁護士と田邉の〝自信作〟だった。谷口安平京都大学名誉教授、松下満雄東京大学名誉教授、中谷和弘東京大学大学院法学政治研究科教授、本間正義東京大学名誉教授、川瀬剛志上智大学法学部教授、阿部克則学習院大学教授、松田浩道国際基督教大学助教、長島弘立正大学法学部教授と8人もの斯界の碩学識者が差額関税制度の欠陥瑕疵と不合理性についてするどく指摘している。にもかかわらず、各級裁判所は最後まで一顧だにせず、完全無視を決め込んだのだった。

この「完全無視の完敗」を田邉と専門家たちはどう受けとめたのか？

当事者である田邉はこう述懐する。

「谷口安平教授はWTO上級委員を務められた、日本における最高位の国際経済・貿易の第一人者である。その谷口先生の意見を『裁判の規範性がない』と断じて却下した裁判所の根拠とはいったい何なのか？　そこから見えてくるのは、谷口先生をはじめ提出された意見書を証拠として採用すると、『予定していた判決』に支障を来たし、過去の判例を含めて大問題に発展する恐れがあるからにほかならない。法律に基づいて正しい判断をするのが裁判所の使命だが、そもそも法律（関税暫定措置法）が間違っていたらどうするのか？　これが最高裁まで争って敗れた一連の裁判の最大の論点であった」

また田邉の裁判に注目して見守ってきたミートジャーナリストの高橋寛は、こう語る。

「裁判官の憲法無視には正直なところ非常に驚きました。小学校6年生の社会科で習った三権分立も中学校の公民で習った違憲立法審査権「裁判所は国会で審議され成立した法律が憲法に違反していないかチェックできる権利」はどこへ行ってしまったのか？　少なくても憲法98条に反していない理由を裁判所は述べるべきであったと思います。法治国家の日本は隣の国とは異なっていると思っていたのにがっかりしました。小学校・中学校で学んだことがいとも簡単に無視されるとは思ってもみませんでした」

後に田邉が起こす「再審請求」の主任弁護士となる辻恵弁護士は、最高裁控訴の敗北についてこうコメントする。

「WTO違反の差額関税制度という論点を問題提起するのは間違いではないが、刑事裁判は99・9パーセントが有罪なので、どのようにして権力機関である裁判所の論理を崩し、無罪を引き出すかは、何度も失敗を繰り返してきた経験の上に立ってしか、方針を生み出すことはできない。裁判官の心証形成の実際をよく読んで、彼らの想像外の方法を駆使して、裁判の審理の進行のへゲモニーを取ってゆくために、様々な戦略戦術を考え出すことが重要である。もちろん事実関係についての徹底した分析と理解で、検察と裁判所を上回る質を示すことが前提となるのはいうまでもない」

法律で守るべきものとはなにか。そのための制度は機能しているか

上告棄却の最高裁判決からわずか22日後の２０１２年（平成24）９月26日、田邉は食肉関係者と報道関係者を招いて、「差額関税制度の不合理性について」と題する講演会を浅草ビューホテルで開催した。田邉、主任弁護人の志賀櫻、ミートジャーナリストの高橋寛が、それぞれの立場から最高裁判決について疑義と持論を述べた。

この講演会の様子は、毎日新聞千葉版（２０１２年10月31日付）に見開き２ページを割いて大きく報道された。概要は以下のとおりであった。

会場は食肉関係者だけでなく、研究者や評論家、元国会議員など約２００人で熱気に満ち、実刑判決を受けて収監を控えた田邉（元社長）に拍手を送っていた。

志賀弁護士は、「差額関税制度は国際条約違反。条約違反の国内法は憲法違反であり、無効である」との主張を展開。裁判所に憲法判断を迫ったが、最高裁は条約違反の判断はせずに、上告棄却。「最高裁は違憲判決から逃げた。判断すれば条約違反を認めざるを得ないからだ」。

高橋は「誰のためにもなっていない。形骸化した制度は廃棄すべきだ」などと指摘し、基準価

格（国家統制価格）を設けない、牛肉や鶏肉のような通常の関税制度への転換を求めている。

田邉（元社長）は「国内産豚肉はハムソーセージなどの加工用ではなく、肉料理の材料として使われるヒレやロースなど高級品が多い。輸入豚肉とは用途で棲み分けができており、競合しない」と語った。

いっぽう行政側にも事前に取材、「海外からの安価な豚肉の大量輸入による国内需給の混乱防止や、国内の需給、価格の安定に寄与するなどの効果がある」と制度の意義を強調する行政の言い分も紹介している。

講演が終わると、会場からは制度の不合理性や廃止を訴える発言が相次ぎ、田邉は最後にこう挨拶した。

「この制度のおかげで業界のイメージが悪くなっている。このままでは食肉の仕事を本気でやる若者がいなくなります。私はこれで業界を去るが、皆さんの力でこの状況を変えてください」

記事の最後はこう結ばれている。

「法律で守るべきものとはなんだろうか。そのための制度は機能しているのだろうか。深く考えさせられた」

田邉がこの講演会を開いたのは、裁判では完敗しても自らの闘いの意義を後世に残しておきたかったからだ。その意味では田邉の企図は、多くのマスコミに報道されたことで成功した。しかし逆に「お上の逆鱗」にふれる逆効果も生んだようだ。

志賀弁護士に近い人物によると、声をかけたわけでもないのに講演会を聞きにきた財務省の後輩で現役の官僚から、講演が終わった後に「ここまで国に盾ついて大丈夫ですか」とささやかれて背筋に冷たいものが走ったという。

とにかく「国」は「差額関税制度」を死守するために税関、検察庁、裁判所を総動員、WTO委員や著名な有識者の意見書にも無視をきめこんで強引な判決をくだした。

「国」＝「官僚」にとって「田邉正明」はそれほど重きをおくほど「怖い」存在なのか？　そうではない。もっとも恐れているのは、「正しい事実」すなわち「国が過っていたこと」がマスコミによって国民の前にさらされることである。

実際、このマスコミ向け講演会を開催したわずか2か月後の2012年11月14日に田邉は収監されることになる。当局に9月26日の講演会のような動きが広がることは抑えたいという判断があったことは容易に想像できるので、収監を早めたいという意向が生じたことは否定できない。

4　収監

2つの「獄中日記」が示す心境の変化

尖閣諸島の領有権問題をめぐって民主党政権がダッチロールし瓦解へ向かうなか、2012年3

月にTPP交渉がスタート、食肉業界にとっては激変が懸念されたが、田邉正明の人生にも激変が訪れる。

最高裁で上告棄却の判決が出てから2か月後の2012年（平成24）11月14日、松戸拘置所に収監、その後栃木県の黒羽刑務所に移されて都合1年半の「幽閉生活」を送ることになった。

檻の中へ長期にわたって幽閉されるのは、2007年（平成19）2月6日からの千葉拘置所につづいて2度目である。田邉はどちらのときも「獄中日記」をつづっていて、それを読み比べてみると、両者の時間差は5年しかないにもかかわらず心境の違いは歴然としている。

前者は「老いてますます盛ん、戦闘モード全開」であるのに対して5年後の後者はさながら「戦いを終えた老兵の安息」のおもむきがある。その違いは、前者は「不当な逮捕と裁きへの反撃の準備」、後者は「全力をふりしぼって最後の闘いを終えたあと」だったので当然のことかもしれない。

では、2つの「獄中日記」から、違いが明らかな箇所を抜粋して比べてみよう。

まずは2007年2月6日以降の千葉拘置所の「獄中日記」である。

▼2月7日（拘置2日目）

「6時50分起床、7時20分頃食事、飯、漬物、味噌汁。8：30（弁護士の）鈴木氏と横山氏との接見。運動は腰割30回、腹筋30回、腕立て伏せ20回を1日3回することにする。野外運動30分あり、狭い場所で動くことができず、腕しぼり100回、腰割を50回等くりかえす」

▼2月18日（拘置12日目）

「本件、関税脱税容疑については、無罪を主張します」で始まる長文の「抗議文」をつづっている。要旨は、「容疑」の根拠とされた関税法6条にいう「貨物を輸入する者」に自身はあたらないと具体的事例をあげながら主張。その背後にある差額関税制度を「訳の分からない蓑の下に隠した貿易歪曲、不正な輸入障壁。本音と建て前の世界の典型的な日本的システム」と断じ、「一刻も早くこの制度を撤廃して頂く事が最終的な目標であり、従って、逃亡も証拠隠滅のような事も一切するつもりはありません」と訴えている。

▼2月25日

「しばらくは奴（取調べ担当検事）のキツネ目をみないとなると、一寸気がゆるむ。明日より学習で時間を費やすことになるだろう。余程、精神的にしっかりと取り組まないと惰性的な生活になってしまう。明日は辞書と世界史百科事典が来る筈。楽しみだ」

▼3月30日

「写真を入手した時は、うれしいと同時に、子供達の心配している気持ち自体が可哀想で辛かった。自分のした事をどのように説明するか。間違っていないという事は当然話すが、事実逮捕されている。檻の中にいる。これは否定できない。裁判で証明するしかない。一夜明けて素直な気持ちで写真を見ることができた。3枚をドアの右のへり（縁）に掲げておく。不思議なもので、昨日とは全く違う気持ちで写真を見れる。〝パパ頑張れよ!!〟という声が聞こえる」

▼3月31日

「体型は見事に変わった!!　体重は3kg以上、少なくとも、腹まわりが、毎回100回のフッキンで、ダラシナイ脂肪分が大分取れたと思う。ズボン（前にはいていた）のダブツキ具合から、5㎝位は少なくなった感がする。とにかく、毎日、アルコール漬けの生活から、規則正しい生活に戻って、肉体的にはかなり良い結果になっていることは間違いない。それを完全にする為、もう30日、入院と思えば良い!!」

このように千葉拘置所での田邉は「未決の虜囚《りょしゅう》」として、意気大いに軒昂にして戦闘モード全開である。とても還暦を過ぎた61歳の高齢には思えない。

モチベーションの低下と、「体力の衰え」を嘆く

ところが、5年後の最高裁判決をうけた「幽閉生活」ではそれは一変する。

まずは「モチベーション」の低下とゆらぎである。

▼2013年1月3日

「前回は裁判が気になっていた。今回はその心配――保釈金の件はあるが、目くじらをたてる程でもない――はない。目的がないのが駄目かもしれない。前回（の獄中記）は面会禁止、信書も禁止、カメラ付きの特別室、検事の調書取り、弁護士との打ち合わせなど80％以上裁判の内容ばかり。唯一の気分転換が検事との応酬だった。180日近くだ。

今回はせっぱつまった目的がなく退屈なのだ。読書中心で、冊数をこなそう、読まなくてはと

追いかけられるような気分に、自分自身でしてしまっている。誰からのリクエストでもない。具体的な達成目標もない。ただ40冊以上の本に囲まれて、これもあれも、と考える。一日、雑誌、新聞、ラジオでもよいのだ。気楽にいこう」

前回の獄中日記では「闘いのために体力をつけよう」という記述が多く見られるのに対して、今回はモチベーションの低下とゆらぎによって、逆に「体力の衰え」を嘆く後ろ向きな姿勢が顕著である。

▼2013年1月4日

「昨晩、首（頚椎）が痛い為、18：00早々に布団を敷き、もぐりこみ、RADIOを聞いた。空気が今日は冷たい。寒波襲来か。早く春になって欲しい。足指の色がますます色黒くなってきて心配。単なるシモヤケであれば良いが、壊死が進行しているとまずい。今はただ、温湿布をして冷えを防ぐしかない。老化現象をいかに防ぐか。柔軟体操だ!!」

▼2013年1月5日

「右足中・人差し指のしもやけが悪化、熱をもち出血。アブラ（?）を支給してもらい、つける。湿布をし、保温に努める。運動不足か、首（ケイツイ）、背中のハリがたびたびあり。寒さのせいもある。左目読書のせいか、少し見えづらくなる。腰は今のところ、痛み止めも必要ないが、寝返り、ウデタテの時、痛む。病気のデパートみたいだが、春と共に全てを完治しないと……」

▼2013年1月11日

「何よりも有難いのは、部屋に暖房器があること。水も松戸に比べて少しぬるい（松戸は氷のように冷たかった）。頻繁に手を暖房器の上にあてて、シモヤケを治そう。足指もひどくなってきた。これはなんとかしなくては。壊疽になる可能性大だ。もうなっているかも。大風呂も気になる。菌が入ったりしたら大変だ。とにかく、体調が良ければ、この一年位（二年はきつい）は頑張れるか。糖尿、腰痛、足のシビレ、そして高血圧（昨日は80／160）。まだ高い。そして、何よりも年のせいで体力が落ちている。歩いている時も、どうしても若い人に遅れてしまう。着替えも他よりも遅い。この点は努力で頑張らなければいけない」

▼2013年1月12日

「布団を畳む時にも支障を来たす。朝、点呼のアグラ座りも思うようにいかない。無理矢理足を曲げ、マッサージしながら、顔をゆがめ、191番（囚人番号）を言うまで我慢。この調子で作業日に同じようだったら大変だ。点呼終了後、左足全体マッサージ、モモの付け根を圧迫し、血流をよくする為、何度も行う。朝食の前には、さっきの痛みがケロッと治り、スムーズにアグラをかけるようになった。何なのだ！」

前回は「未決の拘置」であったため「懲役労働」はないが、「有罪」となった今回はそれがある。体力の衰えを嘆きながらも、獄中生活にいかに「順応」するかに腐心するさまがつぶさに記されている。

▼2013年1月11日

「団体訓練の基本で、歩き方、整列、号令、服の着方・脱ぎ方、当然のことだが、学生以来『こうしろ、ああしろ！』という命令口調の気合に慣れていないといえばそれまで。団体生活にはつきものだ。これを嫌がっていたら、房内の生活は最悪になる。むしろ、積極的に実社会でも使えるノウハウ、システムを勉強する為の実体験という気持で生活したら、別に苦にはならないだろう」

▼２０１３年1月28日

「やっと配役が決まり、初日の作業を終え、机に向かっている。仕事は車の電気部門のパーツ、モールドの不良品のチェック。１０００分の1も不良品がないのだが、そのＣＨＥＣＫをする。単純作業で頭を使わなくてよい。周りの人々も、最初のせいか、声をかけてくれたり親切な人が多い。食事のテーブルも早速あいさつし、仲良くなった」

▼２０１３年2月４日

「83日目。工場に入っての二週目、田邉！　の注意は一度もなかった。マイナーなことはあったが、何とか目標達成。終日、モールドのチェックだったが、一つのリズムを理解し把握できるだろう。気分的にもリラックスできてきた。しかし、8時間の丸椅子に座っての作業は、肩、首がしんどい。部屋に帰って背中に枕を入れ、仰向けに体をそる形を何度かしないと痛みがとれない」

▼２０１３年11月13日

「久し振りの朝の号令の当番。大きな声で40人の仲間に号令をするので失敗は許されない。３日前くらいから気になって服装チェックを。
ボタンはよいか！1、2、ボタンよし、袖口はよいか！1、2
袖口よし、ほころびはないか！1、2、3、4、
ほころびよし、足元はよいか！1、2、
足元よし
ボケか、アガッてしまうのを心配してか、こんなに気になって朝も夜も何度も口で繰り返した。肝ッ玉が小さくなったものだ。逆に、それ以上大事なことが無い生活といえばそうなのだが」

国を相手取った民事訴訟を決意

出所が近づくにつれ、田邉は大切な「宿題」が残されていたことに気づかされた。「差額関税制度違反すなわち関税暫定措置法で起訴、そして有罪とされたことで事業が損害を被ったので、それを保障せよ」という国を相手取った民事訴訟の提訴である。

その真の目的は「賠償金」をとることではない。1審、2審、最高裁と国は、田邉たちが「無罪の大前提」とした「差額関税制度はWTO協定という国際条約違反であるから憲法違反にあたる」という訴えを「その是非の判断は裁判にはなじまない」として門前払い。表玄関をいくら叩いても応対してくれないのなら、裏玄関から民事で訴えれば何らかの「返答」が引き出せる、そうすればせめて差額関税という「行政の不作為（トンデモ制度）」を国民に知らしめ、田邉たちの闘いの足跡

も残せる。

しかし、収監当初の田邉には国家賠償の提訴に躊躇があった。またまた裁判を起こしたら、1日でも早く出所することしか頭にない田邉にとって刑期が情状酌量によって短くなる可能性がなくなると危惧したからだった。

ところが志賀弁護士は、田邉の後にナリタフーズの社長に就任した山下凱之と協議、田邉の了解もとらずに、ナリタフーズを原告とする国家賠償請求訴訟を起こした。それを田邉が知ったのはすでに裁判所に「訴状」を提出した後だった。

田邉は、なぜ当事者に相談がなかったのかと恨んだ。しかも収監中に山下が急逝。葬儀の出席もかなわなかったが、妻から「田邉社長と一緒に仕事をしたことが自分の人生の中で一番楽しく、エキサイティングであった」との山下の遺言を伝え聞いた。田邉の4歳年上で大学の先輩でありながら、田邉の片腕としてスタッフの面倒を見、大変な急成長期のファイナンスを見事に管理してもらったことに改めて感謝するとともに、出所したら国家賠償請求訴訟という「宿題」を山下に代わって果たすことを決意したのだった。

「古稀」まであと2年で「檻の外」へ

ついに「出所の日」がやってきた。「獄中日記」の最後は次のように結ばれている。

▼2014年6月9日

「1年7ヶ月近くの作業が9工場にて、やっと終わった。明日、釈前（仮釈放2週間前になると懲役労働が終了となる）と確信を持って班長Aさん、経理担当Sさん等に挨拶、皆ナイスガイだった。舎房75室に帰り、点呼を終わったのち、着換えていたら、K先生が窓口で笑みを浮かべていた。

『最後の挨拶をしていいですか？』

『出所したらまず墓参りしなければならない人がいるだろう。帰ってきたと報告だね』

『もっと、色々と先生とは話をしたかったですね。有難うございます』

これで明日は最終決定。良かった！　でも病気もせず、大過なく過ごせ、当初の目標も（糖尿・300冊）クリアし、自分としては満足だろう。腰と、少し尿の状態が時折おかしいが、落ち着いたら体全体の総点検だ。少しでも長生きして自分の人生を納得いくような結果にするには、何よりもまず健康第一。それにしても、担当のK先生に会えて良かった。ナイスガイ。礼の手紙を出そう」

なお、「K先生」とは田邉が配属された「刑務所内工場」の担当部長で、年齢は30～40歳、100キロはある巨漢だった。「初めて会ったときに左耳がタコになっており、時折り足払いの動作をしていることから柔道マンだと知れた」。それが機縁で親密になり、なにかにつけ「配慮」をしてくれた。刑務所内文集の編集委員への任命も、独居房への転居も、おそらく「K先生のおかげ」だった。「膝の具合が悪くて雑居房の和式トイレでは使用が困難なので、冬場に南東向の独居に替えてもらえたのはありがたかった」。

思えば人生の節目、節目で柔道が田邉を救ってくれた。食肉ビジネスの大切なパートナーの一人となった篠巻政利は高校時代からの柔道仲間だし、アメリカで起業したときに貴重な情報をもたらしてくれた米国食肉輸出連合会（US MEAT EXPORT FEDERATION）の会長フィリップ・セングとの機縁も柔道だった。

1年半の「幽閉生活」の間に2人も同囚が彼岸へと旅立った。高齢の同囚が多いからだろうが、一歩間違えば、田邉もそうなっていたかもしれなかった。

704通もの手紙をもらい、最初の6か月間は月2回、それ以降は月4回の面会に毎回3〜5人も訪ねてきてくれた。39通もの保釈申請書に750余名の署名をもらった。これらが、ともすれば挫けそうになる獄舎暮らしの日々にどれほどのはげみとなったことか。

こうして田邉は「人生七十古来稀也」といわれる古稀まであと2年で、「檻の外」へ無事に出ることができた。しかし、まさか矛を納めずに民事訴訟を起こしたことが仇となって、わずか2年で再び「檻の中」へ戻ることになろうとは、この時田邉は夢にも思わなかった。

5 国賠訴訟

アメリカから差額関税制度撤廃を提案させる工作

折しも民主党から政権を奪還した第2次安倍内閣の下で、TPP（環太平洋経済連携協定）交渉がにわかに進展をみせ、差額関税制度にも歴史的な転換の気配があった。

そんな食肉をめぐる激変が兆すなか、田邉正明は2014年（平成26）6月23日に「檻」から出ると、直ちに志賀弁護士と打ち合わせて宿題の「民事訴訟」の具体的な準備に入った。弁護団で議論を積み重ねるなかで、基本にすえられた裁判方針は以下のとおりであった。

1　日本国憲法98条2項では「日本国が締結した条約及び確立された国際法規は、これを誠実に遵守する」と定められている。

2　日本も締結している国際法規である「マラケシュ協定の農業協定4条2項」では、差額関税制度は「非関税障壁」にあたり「通常の関税に転換すべき」としている。

3　したがって、差額関税制度によって有罪とされた田邉とナリタフーズへの判決は無効であり、それによって被った損害を国は賠償すべきである。

これは、ナリタフーズの刑事裁判で最高裁上告時に主張して「却下」されたものと同じである。

しかし、裁判手続きにおいて、1審でなされなかった主張は2審以降でなされても「却下」されるのが通例である。しかし刑事裁判で「門前払い」されても、民事裁判になればそうはいかないであろう可能性に賭けたものだった。

いずれにせよ志賀をはじめ弁護団としては、完璧に近い「理論構成」で「120%絶対に勝てる」と自信をもち、田邉もそう確信した。

しかし、「自信」だけでは確実に勝てるという保証はない。その時、田邉に「勝率を高める」ためのあるアイデアがひらめいた。

2013年（平成25）3月、民主党政権時代に先送りされてきたTPP交渉への参加を安倍晋三首相が政治決断する。盟友の甘利明をTPP交渉担当特任大臣に任命し、ワシントンでUSTR（アメリカ通商代表部）のフロマン代表とタフな交渉を始めていた。そこで志賀弁護士を現地へ派遣。アメリカの豚肉生産者団体の首脳に、「日本の差額関税制度はWTO協定違反である」とブリーフィング。さらに彼ら生産者を通じて通商代表部を突き上げ、アメリカから差額関税制度撤廃を提案させ、それによって田邉の裁判を有利に導く――つまり大昔から日本外交のアキレス腱とされてきた「黒船効果」で太平洋を股にかけて仕掛けようという壮大な作戦である。

田邉は十数年間もアメリカで食肉ビジネスを展開していた実績から、当地の食肉業界に幅広い人脈を築いていた。かつて牛肉自由化交渉時にも、USTRのディープな情報を米国食肉輸出連合会の会長フィリップ・セングを通じて得たことがある。今回田邉が白羽の矢を立てたキーマンは全米豚肉生産者協議会（NPPC）副会長のニック・ジョルダーノだった。

２０１４年8月、志賀弁護士は田邉のスキームを了としてワシントンへ赴くと、ジョルダーノ副会長に自らの著書『国際条約違反・違憲豚肉の差額関税制度を断罪する』の関連部分の英訳を渡し、「日本では国際協定破りが横行している」と説明。この由々しき実態をUSTRのフロマン代表に伝え、日本の甘利特任大臣との交渉の材料に使ってもらうように訴えたのだった。

またもや「裁判の規範性なし」。裁判長の助け舟

完璧に近いと自負する「理論構成」の裁判戦術にワシントンでの政治工作（ロビイング）を加えて準備万端にととのえると、田邉はナリタフーズ関税更生処分取消請求（民事訴訟）を志賀弁護士とともに数度の公判に出席した。田邉たち原告と被告の国側の弁護団とがそれぞれが「書面」を提出しあっての論戦がつづいた。判決まで残すところ2～3回となった公判で裁判長が「国側」の主任弁護士に対して、「次回は本件について（憲法の規定を）直接適用できるかを検討し、それによって裁判の規範性があるかどうかを判断したい」と言って閉廷した。

あきらかに国側への〝助け舟〟だった。

そもそも田邉たちは憲法98条の「日本国が締結した条約及び確立された国際法規は誠実に遵守する」を大前提にして、差額関税制度はWTO協定が撤廃を求めているのだから法規として無効だと主張している。これに対して公判の最終盤で裁判官は、この大前提である「憲法の直接適用」を検

討の対象にしようと提案してきたのである。これは危ういと田邉は感じた。「憲法の直接適用になじまない」は、各種違憲訴訟など国にとって厄介な問題を「門前払い」する便法としてしばしば使われているからだ。「恒久平和」という抽象的かつ曖昧な「憲法前文」ならいざ知らず、田邉と志賀たちが前提にしているのは「国際貿易協定」という「具体的かつ根拠と実態のあるもの」である。これを「直接適用になじまない」から「裁判の規範性がない」で「門前払い」するのはいかにも強引すぎる。民事なら「門前払い」はないだろうと思って提訴したのに、これでは最高裁まであらそった刑事裁判と同じになってしまう。

田邉が危惧をいだいたのは、裁判官の国側への〝助け舟〟だけではない。志賀弁護士の対応がいつもと違う。「国側」に対する〝助け舟〟は偏向していると裁判長を徹底追及すべきなのに、志賀が次回の公判にむけて用意した書面はインパクトに欠けていた。

後でわかったことだが、その頃、志賀は重篤な病に侵されていて気力と覇気を失っていた。すい臓がんだった。２０１５年（平成27）９月24日に緊急入院すると、病床で書き上げた「最終書面」を10月13日に提出、わずか3か月の闘病で12月20日にこの世を去った。享年66だった。

田邉の危惧は判決にも的中した。それは翌２０１６年（平成28）３月17日、東京地裁民事第２部で次のとおり下された。

▼主文：①原告の請求をいずれも棄却する。②訴訟費用は原告の負担とする。

▼理由（要旨）：ＷＴＯ農業協定４条２項はわが国における直接適用可能性はないものと認め

るのが相当である。したがってこれが認められることを前提として、差額関税制度が憲法98条2項により無効になると言う原告の主張はその前提を誤るものであって採用することができない。

またしても田邉たちの主張は「前提が誤っているから却下」、すなわち「門前払い」だった。これまでと違うのは、これについてマスコミが一切報道しなかったことである。

田邉はつくづく思い知らされた――国は一度法律化したものを「間違って作ってしまったから改正します」とは決して言わない。言わないどころか、それを「おかしい」と逆らう輩は抹殺しようとする。そして世間もそれに気づくことはない。これが現実の社会なのだ、と。

「民事なら裁判所も何らかの判断をせざるを得ない」という志賀弁護士のアドバイスからチャレンジしたのだが、結果は同じだった。田邉は国に対する民事訴訟の限界を思い知らされた。

『蜘蛛の糸』を知っているか！　志賀弁護士の無軌道

志賀櫻弁護士が亡くなって、田邉は改めて5年にわたる付き合いを振り返った。経歴では猪狩俊郎弁護士とは対照的だったが、田邉との行き違いや軋轢、さらにはそれが裁判に水面下で影響を与えたかもしれないという点では甲乙つけがたかった。

噂によると志賀は東大法学部卒業の首席の座を鳩山邦夫と争ったというだけあって、猪狩弁護士に比べると、たしかに頭は切れた。

田邉の裁判を猪狩弁護士にかわって担当してわずか1年たらずの経験だけで、差額関税制度に関する本を立て続けに刊行。『豚肉の差額関税制度を斬る！ 国の怠慢のツケを食卓にまわすな』と『国際条約違反・違憲豚肉の差額関税制度を断罪する』の2冊だ。前者では主要な問題点を完全には把握していなかったが、後者での「WTO協定、豚肉の関税暫定措置法等の基本的な解説と農業協定4条2項違反の理由」への言及はほぼ完璧であった。さすがは大蔵省主計局の出身、頭脳も並外れ、文章能力も抜群なのには感心させられた。

しかし、「切れ者」にも〝抜け〟があった。サポート役の若手の弁護士がある日、「関税法第三条ただし書き」を見つけて、志賀弁護士が大喜びしたのにはいささか呆れて、田邉は内心で「元東京税関長が関税法の一番大事なことを今知ったのか？」とつぶやいていた（ナリタフーズの最高裁控訴にむけて、この「関税法第三条ただし書き」を、裁判戦術の四本柱の一つに据えた構想力はさすがだった）。

これが「切れ者」のやることかと、もっと呆れたことがあった。ある日、柏のナリタフーズの事務所に訪ねてきた志賀の用件は常識を疑うものだった。

志賀はナリタフーズの裁判を引き受けるなかで、差額関税関連の本を出版、それが機縁で同様の「脱税事件」の弁護の仕事が舞い込むようになった。その公判の一つで、田邉の裁判の時に提出した意見書をそのまま提出したところ、裁判官から意見書の著者に確認を取っているのかと問い合わせがあった。その著者とは京大名誉教授の谷口安平、東大名誉教授の本間正義ら4人で、いずれも田邉とスタッフから直接依頼をしてしかるべき「謝礼」を払っていた人たちだった。どこの誰の裁判なのかも説明せず、貴重な意見書を勝手に流用した上に田邉から各先生に許可を取ってくれと頭ごなしに言われて、さすがの田邉も怒りを通りこして呆れ果ててこう返した。

「志賀先生！　ナリタフーズの事件がまだ解決していないのに、同様の事件を弁護するのは利益相反の可能性があります！　それでも是非というのであれば、その当事者の会社から、ナリタフーズと同額の謝礼を先生方に支払っていただく必要があります。その上でナリタフーズの同意書を添えます」

すると、志賀弁護士はいきなり顔を赤くして言い放った。

「田邉さん、『蜘蛛の糸』を知っていますか？　そんな気持ちの小さい男とは知らなかった。もういい！　ナリタフーズの件は終わりにしてもいいんだ！」

田邉も中学生2、3年の頃、芥川龍之介全集を読んだ記憶があるが、まさかこんな状況で思い出すことになるとは考えてもみなかった。だが、田邉がなんの反応も示さなかったので、志賀は田邉を睨みつけ去っていった。まさに〝瞬間湯沸かし器〟で、これでよくぞ東京税関と岐阜県警のトップが務まったものだ。

だが、後に、志賀弁護士は田邉のいうとおりに意見書の著者たちに「礼金」を送り、意見書使用の同意を取り付けて裁判所に提出したという。それからしばらくして、田邉は志賀弁護士と「和解」することになる。

オバマ失言により日本側に大きく流れを引き込む決着

先に記したTPP交渉をめぐるワシントンでの田邉の政治工作（ロビイング）に、話を戻す。

残念ながら、民事訴訟の勝率を高めるという所期の目的を果たせなかった。けれども、実はTPP交渉自体に大きな影響を与えた可能性があり、さらには田邉自身のその後の人生を大きく変えることにもなったと思われる。そこにはドラマにみちた外交ミステリーが潜んでいたのである。

TPP12交渉は2012年3月に始まり合意まで3年半を要したが、それをとりまとめる「裏方」として活躍した外交官たちがいた。産経新聞の連載「TPP日米協議裏舞台」（2015年10月24日～27日）は、その経緯を興味深い「裏話」をまじえて披露しているので、それに関係資料をまじえて、田邉による政治工作（ロビイング）がもたらした外交ミステリーを読み解いてみよう。

当初から交渉は難航をきわめた。その元凶は、アメリカ側の通商代表部（USTR）のフロマン代表の強硬な姿勢にあった。これには安倍首相から特任大臣に任命された甘利明も驚きの連続だった。日米の閣僚級会合では常にフロマンが議題や日程管理に至るまでを指揮・差配をし、彼が一席ぶつと他の閣僚はじっと下を向いて拝聴する状態だった。

安倍政権は、「差額関税制度」廃止を呑まざるを得ない瀬戸際にあった。

しかし、2014年4月のオバマ来日で流れが逆転する。

4月23日、オバマと安倍晋三の日米首脳会談を前にして、甘利特任大臣はフロマンと都内で閣僚協議を行ったが、接点は見いだせなかった。その頃、安倍は来日したばかりのオバマと東京・銀座の老舗すし店「すきやばし次郎」で夕食をともにしていた。するとオバマはすしをつまみながら、予想外の言葉を口にした。

「豚の関税をいくらか下げられないか」

そのとたん、安倍は「しめた！」とばかり、交渉で優位に立てる「落としどころ」――すなわち「豚の関税をいくらか下げれば差額関税制度は守られる」と直感した。オバマの「勇み足の失言」であり、安倍と甘利にとっては「渡りに舟」だった。

永田町では「安倍（A）－甘利（A）ライン」と呼ばれて2人の情報共有はかねてから密だった。安倍はオバマの会食を早々にきりあげると、甘利の携帯電話を鳴らすなり、こう告げた。

「いま大統領と話していて、豚肉関税の落としどころがわかった」

甘利は電話を切ると、深夜もものかは、フロマンとの協議を再開させた。オバマの「勇み足の失言」から引き出した安倍の「妥結案」を提示すると、寝耳に水だったのだろう、フロマンはたじろいだ。

しかしフロマンはすぐに立ちなおると「朝までとことんやろう！」と応酬。

甘利は、「朝は天皇陛下が出席される大統領の歓迎式典がある。それでも協議を続けるのか？（式典に出ないと）日本では不敬にあたるが……」と攻め立てた。

翌24日午前3時になっても粘るフロマンに、甘利は最後の一撃を加えた。

「あんたは大統領より偉いのか？」

それでもタフネゴシエーターのフロマンは抵抗し、交渉の舞台は5か月後ワシントンへと移された。

進退きわまったか？　甘利特任大臣

そんなある日の会合で甘利がフロマンの発言に激怒、席を立つと交渉メンバー全員を引きつれて帰国するという出来事が起きた。

何が甘利をそこまで激怒させたのか。マスコミの各種の報道でも明らかにされていない。豚肉の関税がTPPにおける日米の攻守の重大なポイントの一つとなっていたことから考えると、筆者の推理では、TPP交渉の締結によって日本の養豚を守ってきたとされる「差額関税制度」を廃止し、豚肉の関税を限りなくゼロにするという提案だったのではないか。

日本側には有力支持母体である農業団体からの圧力があり、差額関税の廃止だけは何としても阻止しなければならなかった。ところが、もしフロマンが田邉の「特使」である志賀弁護士にブリーフィングをうけたアメリカの豚肉生産者団体のトップから、「日本の差額関税制度はWTO協定違反である」と聞かされていて、それを甘利特任大臣に突きつけたとしたらどうだったか。甘利は進退きわまって、交渉の席を立ったとは考えられないだろうか。

それからさらに1年以上を要して、日米最大の対立点だった豚肉をめぐる協議は、関税撤廃を強く迫るアメリカを相手に、日本側に大きく流れを引き込む以下の概要で落着をみた。

《高価格帯にかける4・3％の関税は10年目に撤廃し、低価格帯は1キロ482円の関税を10年目に50円に下げる。輸入量が跳ね上がったときに関税を引き上げる緊急輸入制限（セーフガード）を導入する。なお、発効は2018年12月30日とする》

「TPP交渉」と「田邉の国家賠償請求」の連環性

マスコミの評価はおおむね好意的だった。2015年（平成27）10月5日の産経新聞はこう報じている。

「難航してきた環太平洋戦略的経済連携協定（TPP）交渉がついに終止符を打った。アジア太平洋地域に21世紀型の経済秩序を築くTPPは地域の繁栄と平和を実現する原動力となり得る。関税が撤廃され、貿易手続きが簡素化されることで、消費者には輸入品が安く買える恩恵が見込まれる。工業製品などを輸出しやすくなり、国内の雇用や収入にも好影響が期待される」

いっぽう安倍と甘利のAAラインとしては、とにかく差額関税制度を守ったことで政権側のステークホルダーに面目をほどこすことができた。しかし、内心忸怩《じくじ》たるものがあったはずである。というのも、もしオバマ米大統領の「勇み足の失言」がなかったら、TPP交渉の着地は差額関税制度撤廃となっていた可能性が高いからだ。それはアメリカを強硬にさせた政治工作（ロビイング）があったからで、その張本人は田邉正明だと知られていたのではないか。

TPP交渉の中で日本側代表の甘利特任大臣が席を立ったのは、アメリカ側のフロマン代表の強硬的態度に怒ったのではなく、フロマンをたきつけたのが日本人の田邉だと知って怒ったのだと思われる。だとしたら国は絶対に田邉は許せない、なんとしても厳しく罰して二度と国に逆らわないようにさせなければならないと決意したはずである。

その状況証拠が以下の「TPP交渉」と「田邉の国家賠償請求」との時系列の関係にある。

▼2012年3月　TPP交渉スタート。日米の主要争点は「差額関税制度」の廃止。

▼2012年11月　田邉、差額関税制度をめぐって国を相手どり損害賠償請求訴訟。

▼2014年4月　オバマ米大統領、差額関税制度を譲る取引条件を安倍首相にもらす。

▼2014年8月　志賀弁護士をワシントンへ派遣、差額関税制度は国際条約と日本国憲法違反であることを、アメリカの豚肉生産者団体トップにブリーフィング。

▼2014年9月　甘利明特任大臣、フロマンの発言に反発して席を立ち、日本側交渉団とともに帰国。

▼2015年10月4日　TPP交渉で差額関税制度が守られる。

▼2015年10月14日　国家賠償請求の最終書面を裁判所に提出。

▼2015年12月20日　志賀主任弁護人死去。

▼2016年3月1日　国賠訴訟に対し「裁判の規範性なし」として却下。

「TPP交渉」と「田邉の国家賠償請求」とがともに「差額関税制度」を共通のテーマとして連動

していることは明らかである。

もしオバマの「勇み足の失言」がなかったら、差額関税制度は撤廃となった可能性が高い。差額関税制度をめぐって国に賠償を求めた田邉の民事訴訟は勝訴していたかもしれない。安倍と甘利と農水省には実にラッキーだったが、田邉にとってはなんともアンラッキーな最悪の逆風であった。

しかし、「逆風」はこれで止んだわけではない。それはさらなる「逆風」の始まりにすぎなかった。そのことを田邉は、国賠訴訟の敗訴の2か月後に思い知ることになるのである。

6 再逮捕・起訴・裁判闘争

9年前と同じ差額関税制度違反容疑で再逮捕

太平洋を股にかけた政治工作（ロビイング）を仕掛けるも、アメリカ大統領の「勇み足失言」によって空振りに終わった。2015年10月、結局差額関税という「トンデモ制度」は残されてしまった。その当然の結果として2016年（平成28）3月、差額関税制度の違法性を訴えて国に賠償を求めた民事訴訟も「門前払い」となった。

それでも田邉は敗訴という「逆風」にめげず、第2審にむけて準備を始めながら、裁判にかまけて滞りがちになっていたビジネスの立て直しにかかろうとしていた矢先のことだった。またしても

「逆風」に襲われた。それは、国賠訴訟の第1審敗訴で吹いた逆風とは比べものにならない「暴風」だった。

2016年5月25日、田邉の三男の悠悟の31歳の誕生日を会社の仲間とともに祝った翌々日、突然、東京税関から呼び出しをくらった。出向くと、税関の担当者は挨拶ていどですぐ引き下がり、控えていた検察官が交代するや「話を聞きたいから検察庁へ行きましょう」と促された。

その日の夜は、次男の隆がロサンゼルスに和牛レストランを開きたいという客を日本に招いて田邉に紹介しようと約束をしていた。「拘束」されたことを伝えなくてはいけないと、電話をしようとすると検察官に止められた。後で知ったが、隆は危険を察知したのか、検察が関係各所に一斉捜査に入る前にすばしこく柏のオフィスから逃れたらしい。一方、三男の悠悟はたまたま柏の事務所にいて、夜中まで散々取り調べを受けたという。同じ息子でも対照的だと、感心と感慨をおぼえたものだった。

田邉は検察庁へ着くなり、その場で「逮捕」を告げられ「手錠」をはめられた。素裸にされ、屈辱的な姿勢を強制させられた身体検査、そして毎日のように続く検事による長時間の取り調べ……。9年前と同じく、今度は関連会社のナンソーの差額関税制度違反容疑で逮捕、小菅の東京拘置所に閉じ込められて人権無視の扱いを受けることになるとは思ってもみなかった。「自由の身」だったのは、1年6か月間の収監を終えてからの、たったの2年間だった。

ＴＰＰを機に安い豚肉の流入を恐れる養豚業界のロビー活動

事の淵源は、田邉が収監中の２０１２年（平成24）に始まった差額関税制度の「厳格適用」にあった。

同年の4月9日、財務省は全国の税関に輸入審査を厳格にするよう通達。輸入豚肉通関手続きでは「申告価格」が妥当であることを証明するために、輸出国の輸出業者の仕入価格を示す資料や契約書付属資料などの提出が必須とされることになった。この動きの背後には、急展開を見せるＴＰＰを巡って、海外産の安い豚肉の流入を恐れる養豚業界のロビー活動があった。彼らは当時政権与党であった民主党内のＴＰＰに慎重な農業関係議員と連携、差額関税制度を正しく機能させる「厳格適用」を求め、これに国が応じたのだった。

その動きをうけて翌２０１３年7月25日、田邉の関連グループ会社の事務所にも強制調査が入った。この「悪いニュース」は週に一度、面会に来る会社関係者によって田邉にももたらされたが、田邉に心配をかけまいとする部下たちの配慮と、面会時には刑務官が立会うため「業務秘密」にかかわる話はできないことがあいまって具体的な詳細は伝えられなかった。

漠たる不安と懸念をおぼえた田邉は、２０１３年12月4日の「獄中日記」に、こう記した。

「ＢＡＤ ＤＡＹ!!　やはり厳格適用は的を絞っているようだ。私の場合とは違って、外貨商いしていない今のシステムでは問題ないと思っても、スタッフのことが気になる」

「今のシステムでは問題ない」とは、2012年9月に最高裁でナリタフーズ事件の判決が確定、11月に収監されるにあたって以下の「対策」を事前に講じていたからだった。

田邉としては経営トップの自身が長期間不在になることで、スタッフとその家族たちを路頭に迷わすことはできない。かといって、これまでのビジネスを部下たちに引きつがせると、田邉と同様の罪に問われてかえって部下と家族を「不幸」にしかねない。そこで弁護士を通じて部下たちにこう指示を伝えていた。

「新規の契約は絶対にするな！　田邉は1年半くらいで出てこられる。それまではそれぞれ工夫をして、輸入ではなく国内販売だけの仕事でしのいでほしい」

田邉としては、1年半にわたる「不在」で休止を余儀なくされていたビジネスの立て直しに取りかかるつもりでプランを練っていた。

容疑は「関税法第110条1項・117条1項」違反及び約60億円の脱税

しかし出所してみると、「事業の立て直し」どころではなかった。

スタッフたちは弁護士を通じた田邉の指示に従って、それぞれ分散して「輸入ではなく国内販売だけの仕事」をしているものとばかり思っていた。

ところが甥でカナダ駐在の池畑泰秀の主導で、ポークの輸入事業を始めてしまったのである。それは、田邉のグループ会社である「ナンソー」を中心にした以下のスキームであった。

海外のパッカー（IBP）…輸出者（サイプレス・インターナショナル・トレーディング・インク）
…輸入者（ロータス・オーバーシーズ）…第一名義会社…第二名義会社（ナンソー）

甥の池畑からすると、このスキームは三菱商事など有力商社も行っているもので、「違反」にならないと考えて主導したらしい。しかしナリタフーズ裁判で敗訴した田邉から見ると、「グレー」どころか「ブラック」であった。このままだと差額関税制度に抵触し逮捕起訴されかねなかった。愕然とした田邉が探ってみると、当局は「ナンソー」と「ＯＡＫ」の2社に目をつけている気配があった。状況は深刻で緊急の対策が必要だった。そこで弁護士からの提案で、できるだけ調査を遅らせて、その間に対策を練るために、ナンソーの代表取締役社長をオーストラリアやアメリカへ長期海外出張させて時間をかせぐことにした。

しかしそれは遅きに失した。当局のほうがはるかに用意周到だった。関連先にも一斉捜査が入り、田邉につづいてスタッフ2人、そして海外出張から急遽帰国したナンソー社長も成田空港で逮捕された。

逮捕・起訴の容疑は以下のとおりである。

告発されたのは、事業者としてナンソーとＯＡＫの2社、行為者として田邉ら5名。容疑は、「関税法第110条1項1号、同法117条1項」への違反。すなわち上記2社と田邉ら5名は、「実質的経営者、仕入、財務、輸入名義人、通関助言役として関与。米国から冷凍豚肉部分肉を輸入する際に、1キロ当たりの関税負担が最小となる分岐点価格近似価格であるように仮装して、平成24年4月〜平成25年4月までの間に570回、東京税関大井出張所ほか1か所の税関で内容虚偽の輸入申告をし、約60億円を脱税した」というものである。

新聞各紙もこぞって報道、「容疑者」にもかかわらず、匿名は朝日新聞だけで、毎日新聞は、読売新聞とともに実名でこう報じた。

「豚肉の輸入時に課税される差額関税制度を悪用して関税約62億円を脱税したとして、東京地検特捜部は25日、畜産物輸入・販売業「ナンソー」（千葉県柏市）など4社の実質的経営者、田辺《ママ》正明容疑者（69）＝同県我孫子市＝ら4人を関税法違反（脱税）の疑いで逮捕した」

さらに同紙は田邉について、

「07年2月にも同法違反で起訴され、最高裁で12年に懲役2年4月の判決が確定していた」

と付記。これによって読者は、「田邉という男は、二度も巨額の脱税をした懲りない男」との印象を持ったはずである。マスコミの「田邉＝首謀者扱い」は、おそらく検察からのリーク情報にそのまま乗った可能性が高い。

これに一番驚いたのは田邉本人だった。起訴容疑とされた「差額関税をめぐる脱税事件」は「2012年4月〜13年4月」に起きたとされている。しかしこの時期は「檻の中」にいて、しかも部下たちへ「輸入業務はするな」と弁護士を通じて指示していたからだ。検察はなんとしても田邉を

「首謀者」にしたがっているようだった。それは、田邉の拘留が約8か月、かたや「実行犯」とされたスタッフたちは約6か月の拘留と2か月も短いことからも明らかだった。

完全な「人質司法」である。

部下たちを巻き込んでしまったことへの忸怩たる思い

田邉は今回の拘置の間にも「獄中記」を記している。そこから窺《うかが》われる田邉の心境は、2007年ナリタフーズ事件で逮捕され未決で千葉拘置所に入っていた時、そしてその5年後最高裁判決で敗訴し黒羽刑務所に収監された時期の「獄中記」とも異なっている。

今回のそれには裁判闘争への「心のゆれ」が見られる。それは前回は「田邉だけの単独事犯」だったが、今回は部下たちを巻き込んでしまったことへの忸怩たる思いがあるのではないか。それを推察させる箇所を以下に抜粋して掲げる。

▼2016年12月21日
長期に渡る収監も、地方送りになる可能性もある。単なる犯罪人ではなく、差額関税制度が悪法であったと歴史に残ってやっと田邉の行為が認められるためにはどうしたらよいのか。現状では逃げ一方、無罪を主張するのはよいが、他人に一部の行為をおしつけてしまっているのではないのか。共謀はしていないが、だからといって、自分の部下がこの事件に関与している中で、昔、名古屋の社長が「ワシャ知らん」と逃げているのと全く同じではないか」

「名古屋の社長」とは、同市に本社をおく大手食肉加工会社「フジチク」の創業者のこと。2004年にBSE問題対策を悪用した「牛肉偽装」、翌2005年には差額関税違反による「脱税」62億円で摘発され、部下が勝手にやったことと言い逃れをしたが、「首謀者」として実刑判決を受けた。

▼2017年1月3日

「ただ自分のみで判断し行動してしまっただけに過ぎない。そして英雄気取り、筋を通さなければ自分しかこの主張を通せないとか、他の三者に負わせるのであれば、自分一人で被った方が男らしい。辛いことになっても仕方ない。他人からの批評が不満足な言動になっても仕方ない。全て自分が創って始めて、人にフォローさせたのだから。世の中にはもっと辛い、厳しい罪の中で自己主張した人は沢山いる。大きな重要な事に対し、官憲に逆らった人は命をかけていた。しかるに自分は、たかが1年もない拘留でグチを言っている。情けない!!」

裁判闘争のたてつけの矛盾と部下を救いたい田邉のジレンマ

田邉は2017年(平成29)1月30日に保釈されると、法廷闘争の準備に取りかかった。

それは今から振り返ると、当初からいくつか重大な問題点を抱えていた。

一つは、田邉と部下たち「ナンソー・OAK関連」と、輸入代行者(ロータス・オーバーシーズ)の裁判を分離したことである。弁護団の間ではこの是非が議論されたが、両者は事業内容が異なり、一緒に協働して弁論するのには不具合があるとの判断によるものだった。

しかし後になってみると、これは失敗だった。輸入代行者のロータス・オーバースーズ側は全面的に争うのではなく、罪を認め、罪状を軽くして「執行猶予」をもらう作戦をとった。そのために検察から提示された証拠物で田邉側が一部「却下・否認」したものを、田邉側にまったく相談もせずに認めてしまった。その結果、田邉たちの裁判が不利になったことは間違いなかった。

もう一つは、そもそも裁判闘争の基本的たてつけに根本矛盾を抱えていたことである。田邉のナンソーの部下たちの弁護は、差額関税制度の法的根拠である「関税暫定措置法」を「守るべき法律」として認め、それに「違反」した「事実」はないから「無罪」だと主張。いっぽうで、そもそも「関税暫定措置法」はWTO協定違反であり日本国憲法違反でもあると訴えている。裁判所からすれば「関税暫定措置法は違法か合法かどっちなんだ、ダブルスタンダードではないか」と言われかねない。

さらに3つめは、田邉が抱える個人的なジレンマである。

田邉について弁護団は「その時は獄中にいて指示はできなかった」と「無実」を主張。しかし、これは前述した名古屋のフジチクの社長の「私は何もしていない、すべて部下のしたこと」の弁明と同じで、田邉としては抵抗があった。かねてから自身の矜持として、すべての罪を自分が負いたいと考えており、部下たちに相談したところ「絶対駄目です」と押し止められた。気持ちはうれしかったが、田邉としてはジレンマは消えなかった。

容疑とされた「取引」に田邉は実際に携わっていなかった。起訴事実の期間は収監中であり、決算書でさえ見たり見なかったりだった。それがたった一度、面会に来た部下からうけた資金繰りの相談のみを「実質的な経営者である証拠」と断定されたのだった。

東京高裁・最高裁による「完全無視の完敗」

裁判闘争のたてつけの矛盾と田邉のジレンマを内包したまま、田邉の保釈から約1年半後の2017年(平成29)8月15日、田邉たちの「関税法違反による脱税容疑事案」をめぐって東京地裁で初公判が開かれた。

マスコミもこぞって報道したが、その姿勢は微妙に異なっていた。朝日新聞は、「起訴された期間の一部はA被告(田邉は匿名に)が刑務所に収監されてた時期と重なる。弁護側は『起訴された2社の代表だったわけでもなく、これまでの実績や人間関係から指示があったと邪推している不当な起訴だ』と訴える」と被告側の申し立てに言及していた。

これに対して読売新聞は、「田辺《ママ》被告は無罪を主張し、他の被告と2社も起訴事実を否認した」とのみ記されていた。

さらに初公判から2年4か月にわたって公判を重ねること45回、2019年(平成31)12月18日、検察から論告求刑が言い渡された。

▽ナンソー　罰金4000万円
▽OAK　罰金3000万円

▽田邉正明　懲役6年及び罰金2億3000万円
▽ナンソーのスタッフ2名　懲役2年6月、同1名　懲役1年6月
そして、論告求刑から3か月後の翌2020年3月30日、東京地裁から、それぞれ求刑から減刑された判決が下された。
▽ナンソー　罰金3000万円
▽OAK　罰金2000万円
▽田邉正明　懲役3年6月及び罰金2億円
▽ナンソーのスタッフ1名　懲役2年6月、同1名　懲役2年、同1名　懲役1年6月（3名執行猶予4年）
主要な争点については次の判断が示された。
1　被告会社等4社は「関税法6条」の「貨物輸入者」に該当するか？⇩該当する。
2　被告人らに「共謀」が認められるか？⇩認められる。
3　課税価格は米国等のサプライヤーに現実に支払われたCAF（通貨変動調整）価格か？⇩「水増し」されて申告されたもので、その「虚偽申告」分は「脱税」にあたる。
4　差額関税制度はWTO農業協定違反、憲法違反か？⇩裁判規範性がないので判断しない（国際条約の優位性を主張するのは勝手だが、国がいかなる関税を採用するかは立法裁量の問題であって憲法適否の問題ではない）。

この1審判決は、多くのマスコミによって報道されたが、いずれも「事実」を伝えるだけで、違いといえば、せいぜい「規模の大きい組織的犯行で手口の巧妙さが際立っている」（朝日）、「脱税額が高額で計画性の高い犯行だ」（読売）という裁判長発言の引用部分の違いぐらいだった。

田邉と弁護団はこれを不服として控訴するが、2022年（令和4）12月23日、東京高裁は、1審判決を支持、田邉らの訴えを「棄却」した。

これについて「予想どおりでニュース価値はない」と判断したからか、マスコミの報道はなかった。

この東京高裁の2審に対して田邉と弁護団は上告、最後の闘いに挑んだ。1年半以上も「音沙汰なし」だったので、「ひょっとしたら」と一縷の望みをいだかせたが、2024年（令和6）6月17日、最高裁は2審と同じく1審判決を支持して田邉らの訴えを「棄却」した。

2008年からのナリタフーズ裁判に始まり、2012年からの国賠訴訟をふくめると、実に7回つづきの「聞く耳はもたない」「判断する必要はなし」の「門前払い」だった。国にとっては、マスコミによる報道も2審に引き続いてないことがなによりの「朗報」であり、「完勝」の証といえよう。かたや田邉たちにとってはまたもや「完全無視の完敗」であった。

最後の「勝利、無罪、雪冤！」のチャンスが残っている

2007年2月のナリタフーズ事件の逮捕・拘置から数えると、実に18年もの間闘いつづけて敗

け続けてきた。その挙句に3年半の実刑が確定。80歳を前に2度目の収監が迫っている。普通なら、体力とともに気力も衰え、残り少ないであろう余生を楽しむためにここで矛をおさめるところだ。

しかし、それは、かえって田邉の闘志を奮い立たせることになった。理由は2つある。

一つは、最後の最後で思いどおりの闘いができなかったという「不完全燃焼」である。

田邉は裁判に負け続けるなかで、「皮を斬らせて肉を斬る、肉を斬らせて骨を断つ」の戦法でしか勝てないとの考えをもつに至った。すなわち「事実関係」――たとえば田邉と部下たちの間に「共謀」があったかなかったか、刑務所の面接で誰が何を話したか、あるいはナンソーの個々の取引の実態はどうだったのかなど――で細ごまと争うのは時間のむだである。その時間を「骨を断つ」ために振り向ける。その上で差額関税制度の下ではナンソーもふくめて、すべての豚肉輸入業者の申告は「水増し」「虚偽」にならざるを得ないという「逆証明」を突きつけ、正面から一点突破せよというものだった。しかし、弁護団からしたら田邉の裁判戦術はあまりにも「過激」で「危険」すぎる。

やはり弁護団としては、田邉と3人の部下の「無罪」を勝ち取るために、まずは「事実関係」で争うことを「主」にして、田邉の戦法は「従」とするしかない。その結果、大半の時間とエネルギーを「事実関係」の弁護に費やすことになり、結果は負けてしまった。それゆえ田邉からすると、どうせ負けるのなら、裁判戦術の主従を逆にできなかったのかと、「不完全燃焼」がいまだ胸中でくすぶり続けているのである。

田邉の闘志に火をつけたものがもう一つある。それは最高裁の門前払いの判決による「収監予告」が、あろうことか田邉の誕生日である6月18日に届けられたことだ。意図されたわけではないだろうが、「人生最悪の誕生日祝い」は、結果として田邉の闘志をかきたてるのに十分だった。

かくして田邉は、「最後の闘い」の完敗にめげることなく、冤罪をはらすべく「再審請求」を決意した。しかし再審請求には、これまで以上に高いハードルがあり、それを超えるためのドラマが必要だ。それを語る前に、差額関税という「トンデモ制度」がこの国のトップリーダーたちによっていかに巧妙に企図設計された「冤罪製造制度」であり、その罠に、いかに田邉正明が巧みにはめられて「犠牲の山羊」にされたかを明らかにしよう。

第4章

二刀流で雪冤へ〜
ビジネスも裁判も

1　政官合作のトンデモ制度の〝傑作《マスターピース》〟!?

自民党のドンと官僚との合作

そもそも田邉正明が「犠牲の山羊」にされた差額関税というトンデモ制度は、どのようにしてつくられたのか？

当初から業界の一部ではこんな裏話が「周知の事実」として語られてきた。

すなわち自民党の税調と農林部会の2つを牛耳る超大物政治家・山中貞則（1921年～2004年）と、霞が関のトップエリートたちとの「合作」であるという説。生涯を畜産中央会のドンとして君臨しつづけた山中は、直近に迫った貿易自由化に向けて、「なんとしてもわが日本の養豚農家を守るための〝抜け道〟をつくれ」と農水官僚を強く指導。それをうけた官僚たちが消費者にも配慮して「作文」したというものだ。

しかしこれはあくまでも業界内の一部に流布している裏の話でしかない。公式の資料にあたっても、その裏舞台はつまびらかにされていない。

国家レベルの制度の設計にあたって、官僚たちは「情報公開」を極端に嫌う。「国益にかかわることだから」を理由に挙げるが、実はその制度がしばしば「国益」、正しくは「国民全般の利益」

とかけ離れていることがバレるのを恐れるからではないか。したがって、「裏の話」が流布しながら、表に出ないものほど、その制度の「トンデモ度」は高いと推測される。その点からも「差額関税」は、まさに「トンデモ制度」の〝傑作〟といってもいいかもしれない。

そこで関係者に取材を重ねて裏をとり、状況証拠を積み上げることにした。

手がかりの一つは、日本経済新聞に1997年（平成9）9月より29回にわたって連載された山中本人による「私の履歴書」である。

山中は、鹿児島県のローカル紙「南日本新聞」記者から県議へ、そして国会議員になるや国会のヤジ将軍として勇名をはせる。質問中の社会党代議士をヤジり倒して失神させ病院に搬送する「暴れん坊ぶり」をはじめ、佐藤栄作や田中角栄などの歴代首相を裏で手玉にとって篭絡した「政界裏話」など興味深く読ませる。

筆者にとってもっとも興味深いのは、山中本人にとっては最重要事績と思われる1971年（昭和46）の「差額関税制度」にまったく触れられていないことである。念のために今一度読み返してみたが、「差額関税」の「差」の字の言及もない。

人は「不都合な真実」ほど隠したがる。そして隠したものにこそ、その人が関与した最重要事績がある。ということは、当初から業界の一部で流布されてきた、差額関税は自民党の税調と農林という2つの有力部会を牛耳る山中貞則と霞が関のトップエリートたちとの「合作」という「裏の話」はおおむね「不都合な真実」とみていいだろう。

官僚たちは歴史的な「愚策」と自覚していた!?

次に自民党の裏の実力者の意向を汲んで「差額関税制度」を「合作」したとされる官僚たちの側から検証をこころみよう。

最初の状況証拠は2008年（平成20）8月1日、田邉正明が「主犯」とされたナリタフーズ事件をめぐる第13回公判における深瀬誠の証言である。深瀬は輸入牛肉割当時代の輸入商社協議会の専務を長く務めたことから、農水省のトップと頻繁に接触があった。

その中の最重要人物である、差額関税制定時の農林水産省畜産局長（その後事務次官）だった京谷昭夫について深瀬は大意をこう述べている。

「農林水産省をリタイアしまして、外郭団体のトップのときに、（中略）知る人ぞ知る、非常に有名な高官でございましたが、この方が、ある日私に、『深瀬さん、将来必ず研究者、あるいは歴史学者といった者が、我が国の農政、あるいは畜産行政をいろいろ研究し、分析し、論評するでしょう。しかし、そのときに、おそらくこの差額関税制度というのは、歴史始まって以来の愚策という結論をするかもしれない。その最高責任者の一人であった自分というものが悲しい』と言ったのです」

間接証言ながら、官僚トップの京谷が差額関税を「歴史的愚策」と自己評価している。このことは、自民党農林族のドンにして畜産業界の利益代表である山中貞則に「忖度」し、「節」を曲げたことを当初から自覚していたことになる。

しかし、ここまで官僚は政治家に頭が上がらないものなのだろうか？　官僚にも天下国家を設計運営しているという自負があるはずだ。地方新聞記者あがりで、自民党農林族とはいえ農業の一分野にすぎない「養豚のドン」の「指導」に唯々諾々と従うものだろうか。

これについては、友人の政治ジャーナリストから貴重な示唆を受けた。

山中貞則は、畜産業界のドンとして農水官僚と「合作」して差額関税を成立させてから18年後の1989年（平成元）、今度は霞が関にとって年来の悲願であった消費税導入に尽力。それにより山中のもう一つの顔である「税制のドン」の地位を不動にする一方で、消費税導入の仕掛人との悪評がたたって初当選以来の連続当選が途切れ、落選の憂き目にあっている。したがって官僚たちは山中貞則に恩義を感じて頭が上がらないというのである。

前掲の深瀬は、京谷についての先程の証言をこう続けている。

「（歴史的愚策と自覚しているのなら）命を懸けてこれを廃案にすべきじゃないかと、のどまで出たんですが、彼の顔を見たら真っ青なんです。本当に、今でも忘れません」

さらに深瀬は、京谷と同格の当時の農水官僚トップである鶴岡俊彦についてもこう証言している。

「人間というものは、人生の中で、自分の努力ではどうにもならないことがあるよと、その中の一つとして、運命としてこれを容認せざるを得ないんじゃないのかと言ったら、彼は吐息をして何も言いませんでした」

高級官僚2人についての証言から、官僚たちが生息する「閉ざされた特殊世界の掟」がほの見えてくる。しばしば官僚たちには「国益」などなく、あるのは「省益」だけといわれる。「消費税」という「省益」を拡大してくれた政界の黒幕の前では、「歴史的愚策」と自覚してもそれを改めることができない。そんなトンデモ制度を生み出す官僚たちの生態をまざまざと見せつけられる思いがする。

山中は前掲の「私の履歴書」の最終回（29回）でこう記している。

「私は閣僚になっても、役人が作った模範答弁集は一切見なかった。政治家にとって『麻薬』のようなものであり、一度、手に染めると止められなくなる。自分の言葉で語ることにより、初めて官僚との緊張関係が生まれる」

このくだりは、政界の黒幕による、軍門にくだった官僚たちへの「勝利宣言」と読めなくもない。

「差額関税」は国内生産者を守らず、百害あって一利もない

さて、かくして山中貞則という畜産業界のドンが養豚農家を豚肉の輸入から守るために、農水官僚を「忖度」させて差額関税をつくりあげたことはほぼ「不都合な真実」に間違いないが、山中のもう一つの顔である「税調のドン」として消費税を導入、これにより2004年（平成16）にこの世を去った後も、このトンデモ「差額関税」制度は今も威力を発揮しつづけている。

この差額関税は、ここがトンデモ制度たる証明でもあるのだが、実は当初山中と官僚たちが掲げ

表4-1　養豚農家戸数と養豚数の推移

年次（年）	飼養戸数（戸）	飼養頭数（頭）	年次（年）	飼養戸数（戸）	飼養頭数（頭）
1960	799,100	1,918,000	1993	25,300	10,783,000
1961	907,800	2,604,000	1994	22,100	10,621,000
1962	1,025,000	4,033,000	1995	18,800	10,250,000
1963	802,600	3,296,000	1996	16,000	9,900,000
1964	711,200	3,461,000	1997	14,400	9,823,000
1965	701,600	3,976,000	1998	13,400	9,904,000
1966	714,300	5,158,000	1999	12,500	9,879,000
1967	649,500	5,975,000	2000	11,700	9,806,000
1968	530,600	5,535,000	2001	10,800	9,788,000
1969	461,030	5,429,080	2002	10,000	9,612,000
1970	444,500	6,335,000	2003	9,430	9,725,000
1971	398,300	6,904,000	2004	8,880	9,724,000
1972	339,700	6,985,000	2005	…	…
1973	321,100	7,490,000	2006	7,800	9,620,000
1974	277,400	8,018,000	2007	7,550	9,759,000
1975	223,400	7,684,000	2008	7,230	9,745,000
1976	195,600	7,459,000	2009	6,890	9,899,000
1977	178,900	8,132,000	2010	…	…
1978	165,200	8,780,000	2011	6,010	9,768,000
1979	156,300	9,491,000	2012	5,840	9,735,000
1980	141,300	9,998,000	2013	5,570	9,685,000
1981	126,700	10,065,000	2014	5,270	9,537,000
1982	111,800	10,040,000	2015	…	…
1983	100,500	10,273,000	2016	4,830	9,313,000
1984	91,500	10,423,000	2017	4,670	9,346,000
1985	83,100	10,718,000	2018	4,470	9,189,000
1986	74,200	11,061,000	2019	4,320	9,156,000
1987	65,100	11,354,000	2020	…	…
1988	57,500	11,725,000	2021	3,850	9,290,000
1989	50,200	11,866,000	2022	3,590	8,949,000
1990	43,400	11,817,000	2023	3,370	8,956,000
1991	36,000	11,335,000	2024	3,130	8,798,000
1992	29,900	10,966,000			

注：1　1960年（昭和35）は畜産基本調査、1961年（昭和36）から1968年（昭和43）までは農業調査、1969年（昭和44）から2003年（平成15）までは畜産基本調査（ただし、1970年、1980年、1985年、1990年、1995年及び2000年は畜産予察調査、情報収集等による）。2004年（平成16）以降は畜産設計調査の結果である。

2　1972年（昭和47）以前の数字は沖縄を含まない。

3　2005年（平成17）以降、西暦の末尾が0と5の年は、農林業センサス実施等により調査を休止している。

た「目的」とは大きく違ったものになっている。それでもなお、この制度は君臨しつづけているのである。

「安価な輸入豚肉から国内生産者を守る」ことがそもそもの目的とされたが、実態はどうだったのか。

差額関税が成立をみた1971年（昭和46）当時、およそ40万戸もあった養豚農家数は減少に転じ、53年後の2024年（令和6）には1万を大きく割ってわずか3130戸と、最盛時の200分の1以下にまで激減。いっぽう生産出荷頭数は、差額関税成立時の690万頭から数を増やして1979年からは1100～900万頭で推移している（表4-1）。

その経緯と理由を、実家が養豚兼業農家でもあった実体験から、田邉はこう指摘する。

差額関税成立以前の昭和30～40年代は、一般農家はいまだ戦後の自給自足時代の延長にあって、ニワトリとともに豚を数頭飼っていた。農家にとって豚は市場に出荷できない規格外の野菜や残飯を処理してくれる貴重な存在だった。平均3～5頭のメス種豚をもち、子豚を生産し、2～3か月たって20キロにして市場に出す繁殖農家が大半だった、田邉も大学時代の夏休みに次兄道郎と2トン車のトヨエースで八街へ子豚のセリに買付けに行った経験がある。

それが昭和48～50年頃になると、大手ハム・ソーセージ会社、飼料会社、大手商社の求めに応じてインテグレーションシステム（一貫生産）が進み、繁殖と肥育を大規模に集約する形態に変わる。それにより個々の農家が子豚を売る需要がなくなると同時に、付近の都市化により公害問題（1頭の豚の糞尿は人間の6倍）と、毎日の餌や汚物処理が負担となり養豚を諦める農家が急増する。したがって、養豚農家の激減の主因は輸入豚肉の増加によるものではない。

いっぽうで、そもそも国内産の豚肉のほとんどは生肉のままテーブルミートとして、かたや輸入豚肉は冷凍状態でハム・ソーセージなどの加工用として流通するという「棲み分け」ができている。

さらに国内の生産者と消費者を守るというたてつけの「差額関税制度」が、あろうことかそれを裏切っているという指摘がある。差額関税がWTO交渉のテーブルにのった時の外務省担当課長補佐で後に衆議院議員になる緒方林太郎は、アメリカのミートパッカー（食肉加工業者）に「日本の差額関税制度はおかしいと思わないか」とたずねた時に返ってきた言葉を著書で紹介している。

「そりゃ、差額関税制度は経済原理的におかしいさ。けれども、我々はそれで儲かっている。そして、（アメリカではそこまでメジャーでない）テンダーロインの豚肉を日本は高額で引き取ってくれる。差額関税制度を止めるべきという議論は理解するが、その結果できる仕組みは、自分たちがもっと儲かるものでないと、そのゲームには乗れないな」（『国益ゲーム　日米貿易協定の表と裏』2020年4月、ぱる出版）

以上の経緯からすると、差額関税は日本の養豚業と消費者を守るという本来の役割をまったく果たしていない。それどころか大きく裏切って海外の食肉業者を利しており、百害あって一利もない。その意味からもトンデモ制度の〝傑作〟というべきであろう。

差額関税制度の見直しの世論は盛り上がるも……

さすがに2005年（平成17）頃からは、識者やマスコミの間で差額関税制度の問題点が指摘されるようになり、有力全国紙が「社説」で「見直しと廃止」を叫ぶようになった。以下に、その見出しと主張のポイント部分を抜粋して掲げる。

▽豚肉輸入・差額関税は打ち切りを（朝日新聞 2006年5月21日）

「この際差額関税は廃止すべきだ。農家への保護措置が必要なら、定率の関税をかける従価方式にした上、消費者の利益も考えて、できるだけ低い税率に抑えるべきだ。不透明な制度を放置していれば、不正を助長するだけでなく、豚肉に対する消費者の不信感も高まる。早急に是正すべきだ」

▽豚肉差額関税もはや制度を見直すべきだ（毎日新聞 2006年12月7日）

「農水省は制度の見直しは、国際世界貿易機関の多角的貿易交渉の一環と言うが、もはや通商問題ではなく国内問題だ。業界の構造は、71年当時とは一変し、消費者には何の恩恵もない。養豚業の大規模化で、国境処置の段階は過ぎた。日本の養豚業の真の国際競争力を求めて制度を見直すべきだ」

▽関税逃れなら問題だが……（日本経済新聞 2008年9月5日）

「養豚農家を保護するための豚肉の差額関税は妥当な制度だろうか。（略）輸入豚肉への重い関税制度を政治家、行政府は考え直す時ではないか」

当時、朝日新聞論説委員として上記社説を執筆した高成田享は、往時をふりかえってこう語っている。

「関税というのは輸出する側に負荷をかけて国内の産業を守る政策なのに、『表ポーク』とか『裏ポーク』とか呼ばれる奇怪な取引慣行がはびこっているのは、差額関税という仕組みにあるという話を聞いて、関係者を取材してあの社説を書いた。社説というのは、報道されている事柄について論評するのが常だが、当時、豚肉の輸入についての脱税事件は報じられていても、その根元にある差額関税の問題点を指摘するような報道はなかった。その意味では、この社説は〝独自ダネ〟だった。農水省の役人を取材したときに、差額関税制度が時代に合わない制度になっているのはわかっているが、WTO交渉を進めるときに日本側が譲歩する材料だと聞かされて、悪弊を温存する役所の姿勢にきれると同時に、そう長くは続かない制度だと思った。その後も制度が存続された背景には、政治だけではなく誤謬を嫌う官僚の体質があったからだろう。農業を守ると言いながら農業をだめにしている農水省の無策ぶりは昨今の令和の米騒動で明らかだが、差額関税制度も無策の典型だろう」

これら新聞各紙の「見通しの論調」に応えるように当時の亀岡高夫農水相は「差額関税制度の見直しを検討する」と明言。さらに2007年（平成19）の経済財政諮問会議では同制度の廃止が提言され、経済財政改革の基本方針（いわゆる「骨太の方針」）にもその趣旨が盛り込まれた。

毎日新聞も社説（2007年5月13日）で、「農業改革報告『骨太の方針に盛り込め』」の見出しを掲げ、「同報告が矛盾に満ちた豚肉などの社会課税制度の廃止を明言していることを評価したい」と期待を寄せた。

ところが、どっこい差額関税制度は残った。残ったどころか、「冤罪製造制度」として磨きをかけられて、田邉を「犠牲の山羊」に仕立てるのである。

2　官僚の無謬性と犯罪性——「霞が関の常識」は「世間の非常識」

「官僚の無謬性」が霞が関の「常識」

2004年（平成16）2月20日、差額関税制度の生みの親の山中貞則は死去する。

先に紹介した当時の農水省畜産局長・京谷昭夫の証言にもあるように「愚策」と自覚しつつ「合作」を強要された官僚トップからすれば、山中という〝重石〟がはずれたのは、このトンデモ制度を廃止するまたとない好機到来のはずであった。ところが、そうはならず持続することになった。

それは、いったいなぜなのか？

しばしば、「霞が関の常識」は「世間の非常識」といわれる。その根源にあるのは、「官僚の無謬性」、つまり「いったんつくられた法律や制度には誤りがあってはならない」というものだ。

世間一般では、生活でも仕事でも、よかれと思って下した判断が誤りだったことに気づかされるのは日常茶飯事である。そうとわかったらいち早くその誤りを認めて改める、逆にこだわっていたら命取りになる。これが「世間の常識」である。

ところがこの「世間の常識」は霞が関にはまったく通用しない。通用しないどころか霞が関に「世間の常識」を主張すると、罰せられる。それが彼らの常識の核心に迫っていればいるほど、最悪の場合は、刑務所へぶちこまれて社会的に抹殺される。ここに「霞が関の常識」の怖さと本質がある。その典型的な事案が、田邉正明が巻き込まれた差額関税制度であった。

おそらく世間のほとんどの人々は、そんなことがあるとはつゆも知らずに一生を送る。田邉も2005年（平成17）4月20日に横浜税関から捜査をうけるまではそうだった。以来20年間、差額関税制度と闘いつづけるなかで思い知らされたのは、彼らは自らがつくった法律や制度がいかにトンデモであろうと、いやトンデモであればあるほど、それを守りつづけるためになりふりかまわず手段を選ばないということだった。

田邉は食肉ビジネスの最前線に長らくいたことから、農水官僚の幹部クラスとは付き合う機会がしばしばあった。個人としては優れた知見をもち人柄も優れている人が多く尊敬に値した。ところが、なぜか「集団」になってしまうと、「省益保守」にこりかたまって一致団結してしまうことがいまだに残念でならない。

その官僚たちのトンデモぶりを、田邉が知りえた具体的エピソードをもって語ろう。

敵も味方も欺く「集団としての官僚の生態」

官僚は、自らがいったんつくり上げた法律や制度は、なにがなんでも守る。そのためには相手を欺くことも平気でやる。

その典型は、先に紹介したが１９９５年（平成７）のＧＡＴＴウルグアイ・ラウンド交渉で、「非関税障壁」だとして廃止になりかけた「差額関税」を、当時実務者として交渉にあたった農水省幹部が「従量税と従価税との組合せ」だと「偽装工作」して交渉相手を欺いた事例だろう。

後に当の農水省官僚は、農業団体の会合で、その手口を自慢げに披露している。このことから、百歩譲って、「味方」である農家を守るために「敵」を欺いたとして許されるかもしれないが、実は官僚は「味方」を欺くことも平気である。それから20年後の２０１５年（平成27）10月、ＴＰＰ12交渉が妥結したときに、明らかになる。

日本は同交渉で、「10年後に高価格帯の現行関税４・３％は撤廃、低価格帯の（差額）関税は１キロ４８２円から50円に下げる」という妥協を余儀なくされる。

１キロ５００円に近かった「防波堤」がわずか50円になってしまっては、差額関税制度の本来の目的とされた「養豚農家を輸入豚肉から守る」は意味をなさない。これに官僚はどう答えるのか？

前述の元外務官僚で国会議員の緒方林太郎が前掲の自著で暴いている。ＴＰＰの大筋合意の後に、内閣官房が出してきたグラフ（図4-2）は「噴飯もの」（前掲書１４５～１４６ページ）であった。緒

豚肉の差額関税制度の変化

図4-3
国会図書館修正
(正しい縮尺)

図4-2
内閣官房・農水作成
(縮尺を意図的に変更)

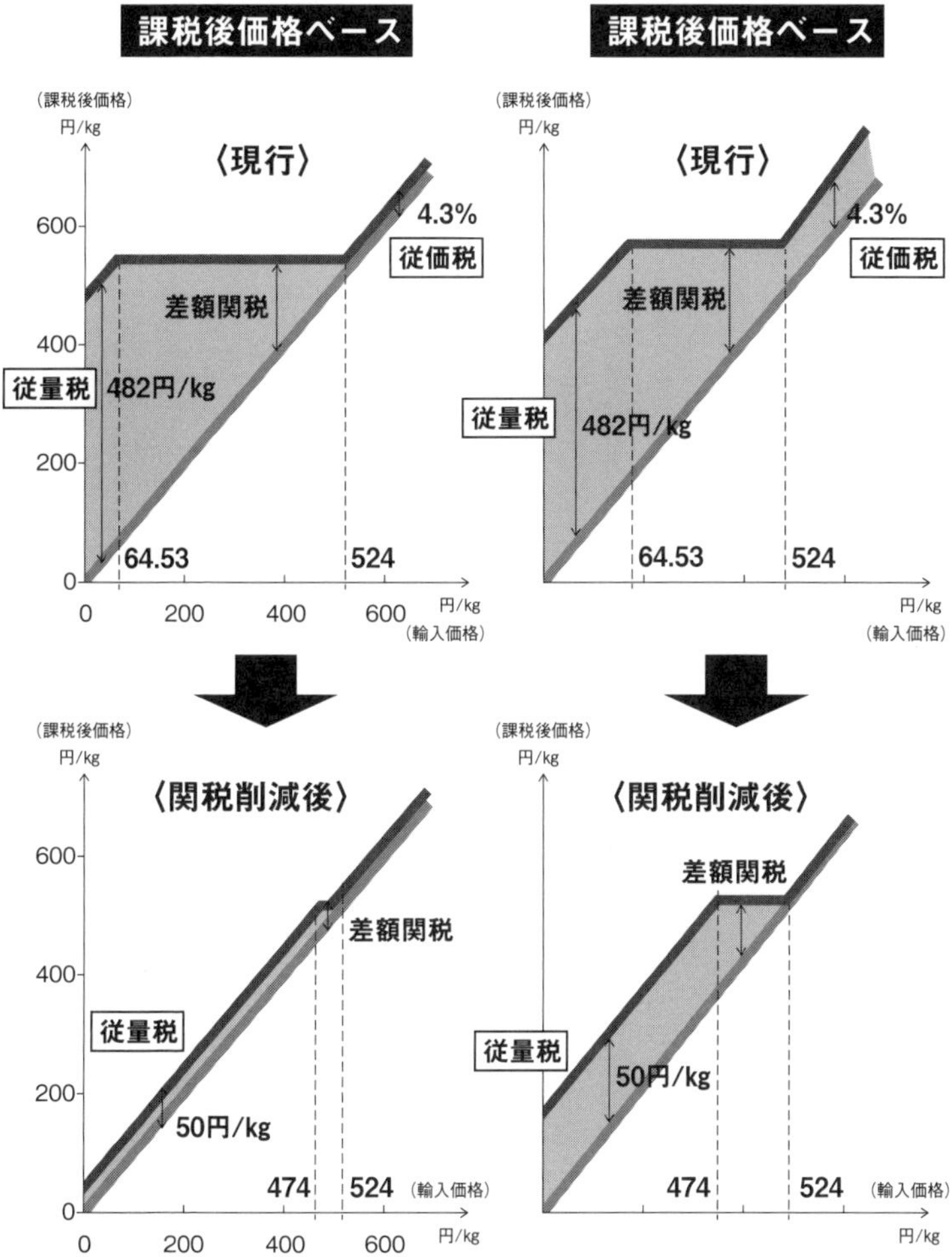

出典：緒方林太郎『国益ゲーム』(ぱる出版、2020年) より

方は見た瞬間、縮尺がおかしいと気づき、国立国会図書館に正しい縮尺で作成し直すよう依頼。その結果提示された「正しいグラフ」が図4-3である。両者を比べれば一目瞭然だが、当初政府が最初に出してきた図4-2の網掛けの「差額関税部分」は「正しいグラフ」（図4-3）と比べると、極端に分厚くなっている。

ここから官僚たちの本音が見えてくる。すなわち国と農水省は自分たちがつくった「差額関税」という制度はなんとしても「形」だけでも残したい。そのために「差額関税部分」を大きく誇張して、さも生産者を守っているかのごとく「味方」を欺こうとしたのである。

さらに官僚たちは、差額関税制度を守るために「歴史の改ざん」も平気でやってのける。前述のＴＰＰ12交渉妥結の3年後の２０１８年（平成30）5月11日、森山浩行議員の「豚肉の差額関税制度に関する質問」に対して以下の答弁書が閣議決定された。

「本制度においては、高価格の部位の豚肉と低価格の部位の豚肉とを組み合わせ、これらの豚肉を一括して一キログラム当たりの課税価格を算出して輸入することにより、基準輸入価格未満の価格の豚肉を輸入することも可能であることから、（ＷＴＯ）協定第４条の２に規定する『最低輸入価格』には当たらないと考えている」

例によって難解な行政文書だが、要はこういう意味である。

「ＷＴＯ協定では『最低輸入価格』を設定するのは非関税障壁として禁じられている。しかし、高いとんかつ用のロースやヒレとソーセージ用の安い肉を組み合わせれば、差額関税制度が定める「基準輸入価格」以下で輸入できるので国際ルール違反にはならない」

これに対して緒方は、前掲書で「歴史の書き換え」だとして、こう指弾している。

「本来は基準輸入価格より安い豚肉が入って来ないのが差額関税制度のウリだったはずなのに、今や基準輸入価格よりも安い豚肉が入って来るから法的に問題ない、と言い切るようになった」

ここから「集団としての官僚の生態」が見えてくる――あるときは農家を守る、またあるときは消費者や国民を守るといいながら、実は農家も消費者や国民も平気で裏切り、嘘をつき「歴史の改ざん」をする。彼らにとって最も大事なのは「省益」であり、自分自身がつくった法律と制度だけである。

いっぽうで生産者も消費者も黙しているのは、認めているのではない。官僚には何を求めても何もしてくれないという「諦め」の気持ちがあるからで、ますます「集団としての官僚の横暴」をのさばらせることになる。その結果、財務省による森友学園の土地売却事件のように、善良な職員を自殺に追い込む文書の改ざんがいまだに後を絶たない。

一体この国は「主権在民」の法治国家なのか？　これでは「主権在官」の専制国家ではないか。中国やロシアの全体主義と根本的にどこが異なるのかと疑問を抱かざるを得ない。

関税違反の頻出は〝赤信号、皆で渡れば怖くない〟からではない

差額関税制度を守るために官僚たちが得意とするのは、嘘や騙しや「歴史の改ざん」だけではない。アメとムチを使い分け、関係者を巧妙に操ることにも長けている。その実態を田邉に印象づけた人物がいる。豚肉業界の老舗専門誌『ピッグジャーナル』の岩田寛史編集長である。

岩田の存在を田邉が意識するようになったのは、ナリタフーズ事件をめぐって最高裁まで争って敗訴した後のことである。収監直前の2012年（平成24）9月26日、浅草ビューホテルで開催した同事件と背景にある「差額関税制度」をテーマにした記者会見兼シンポジウムでのことだった。質疑応答時に、岩田は、「差額関税制度への違反が後を絶たない」ことについて〝赤信号、皆で渡れば怖くない〟の譬《たと》えを用いて発言。明らかに国や農水省の立場にたった主張の代弁だった。それに対して、田邉は「それは業界の一部の誤解」とした上で、高速道路の制限速度違反の「譬え話」で応酬した。

警察はスピード違反の男を捕らえて裁判になった。男は、「自分を含む全ての車は40キロの制限速度内では走っていない、それを守っていたらかえって事故が多発する。100キロの速度制限の標識に変えるべきなのに、その義務を怠った国の怠慢であり、したがって自分は無罪である」と主張したが、あえなく却下されてしまった。

「赤信号」は昔も今も社会にとって必要不可欠なもので〝皆で渡れば怖くない〟とこれを無視す

るのは、「犯罪」であり「違法」である。しかし、実情に合わないために誰も守れない「速度制限」となると話は違ってくる。誰も守れないし、守っていない法規を犯したからと「処罰」するのは本末転倒である。男は「被害者」であって、「犯罪者」は国と政府のほうである。

差額関税をめぐって「違反者」が後を絶たない問題も、そう考えるべきである。実態に合わない法律で国民を罰するのは「立法の不作為」に他ならない。

したがって、この問題について〝赤信号、皆で渡れば怖くない〟の「譬え」を用いるのは根本的に誤りである。

官僚によるアメとムチに屈した業界紙編集長

『ピッグジャーナル』の岩田編集長は、田邉の裁判をほぼ毎回傍聴、同誌の2012年（平成24）4月号から11回にわたって、ナリタフーズの裁判をめぐる取材内容を紹介していたが、その後、先の田邉の「譬え話」に触発されたのか2014年（平成26）3月号では、

特報「どうなるTPP交渉、どうする豚肉関税制度？　差額関税制度を捨てて実益を取る決断を！」

との衝撃の見出し掲げて12ページもの大特集を組んだ。アメリカ商務省の農産物貿易データベースにアクセス、1967年（昭和42）以降の対日輸出豚肉の膨大な統計数字を丹念に集計・分析。日本の税関当局が時折り気が向いたように散発的に摘発する「脱税の実態」を詳らかにした上で、

国に「ＴＰＰ交渉対策の転換」を迫った。いわく――

「豚肉の差額関税制度は、この際、ＴＰＰ交渉に乗じて撤廃すべきである」

「差額関税制度の撤廃は、米国に妥協を促す最大のカードになる」

「それと引き換えに、現状より効果的な関税障壁を打ち立てる」

「名を捨てて実を取れ」

田邉にとっても、差額関税制度という実質的な輸入禁止措置の法律を「実のある制度」に変更することは望むところだった。

いっぽう岩田としては農水官僚に叛旗を翻す意図はなく、あくまでも「身内」だからできる「厳しい助言」のつもりだった。ところが当の農水官僚はそうはとらなかった。それほど、『ピッグジャーナル』の特集は、官僚たちには「耳が痛い助言」をはるかに超えていたようだ。それまで岩田に与えていたアメをとりあげると、いきなりムチをふるったのである。

ある日突然、岩田編集長は田邉を訪ねてくるや、

「この特集のせいで農水省の出入りを禁じられた」

と告げた。それきり差額関税制度に関する岩田編集長の記事は途絶えてしまった。

それから２～３か月後のことだった。大手商社のナンバー２だった友人のＮから、田邉に電話が入った。

「『ピッグジャーナル』の岩田編集長から問い合わせがあって、志賀櫻弁護士をワシントンに行か

せてNPPC（米国豚肉生産者協議会）の副会長ジョルダーノに会わせたようだが、それはどういう目的かと聞いてきた。そんなこと知らないと答えておいたけど」

ＴＰＰの日米交渉が佳境に入った２０１４年（平成26）８月、田邉たちは志賀弁護士をワシントンへ派遣。「差額関税制度は国際条約と日本国憲法違反である」ことをアメリカの豚肉生産団体を通じて通商担当にロビイング、それによって裁判を有利に導く「黒船効果」を期待したものであった。結果は不首尾に終わったこの作戦は極秘裏に進められ、岩田編集長が知るはずもなかった。おそらく、どこかで田邉たちの動きを察知した農水省筋が岩田を使って情報を取ろうとしたものではないか。

当時Ｎは大手商社時代から差額関税制度に疑問を感じ、退職後「食肉の生産と流通を考える会」の理事長として「差額関税制度廃止論」を主張していたため、岩田が志賀弁護士を派遣したのはＮだと憶測したとしてもおかしくはない。

いずれにせよ、この時点で、岩田編集長は農水省と「より」を戻していたに違いない。農水省と「断絶状態」のままでは雑誌の発行はままならないと考えて、差額関税の「廃止」から「維持」へと「宗旨」を変えて「詫び」を入れ、関係を修復したものと思われる。官僚によるアメとムチを使い分けた「人心収攬術」は見事というほかない。

甘い「おめこぼし」と厳しい「おしおき」

アメとムチの巧みな「使い分け術」のなかでも、官僚がもっとも得意とするワザがある。それは「おめこぼし」である。とりわけそれは差額関税制度には「うってつけ」だった。

繰り返し指摘しているように差額関税は「実情に合わないために誰も守れない制度」であるために、捜査をすれば関係者全員が「違反」となる。そこで「罪」を認めて「脱税」したとされる金額を支払いさえすれば、「おとがめなし」となる。

2008年（平成20）、田邉のナリタフーズが摘発をうけた同時期に三菱商事も「脱税額」約42億円で摘発されている。内心はともかくも表向きには「罪」を認めて「脱税分」を支払ったら刑事告発はされず捜査は収束。いっぽうの田邉のナリタフーズは無罪を申し立てたため、「おめこぼし」というアメは与えられず、拘置所をあわせると3年も「檻の中」に閉じ込められ、ナリタフーズの罰金は土地、ゴルフ会員権など実質3億円の価値の資産を差し押さえられた。なによりも銀行取引ができなくなり、ナリタフーズ、ナンソーは営業を閉鎖せざるを得なかった。

差額関税制度ができた1971年（昭和46）以降、同制度に違反したとして摘発された事案を表4-2にまとめた。

罪を認める、あるいは認めなくても「お仕置き」を受けており、その刑に対して徹底的に関税暫定措置法が不条理だと主張している会社あるいは個人は存在しない。ただ一人田邉のみである。他

表4-2　差額関税「違反」として処分を受けた主な事案

会社	年月＊	脱税額(万円)
辻金食品	1991年3月	13,000
丸商	1991年7月	43,000
レイクウエスト	1991年11月	43,000
大商商事	1992年12月	33,600
レイクミート食品協業組合	1993年3月	16,000
養老ミート	1993年10月	11,500
サクセス・メイト	1998年2月	10,400
明治ケンコーハム等4社	1999年5月	14,800
農友ミート	2003年2月	4,000
南日本ハム (日ハム子会社)	2004年1月	11,000
トランスパシフィック	2004年5月	11,187
エンタープライス21	2004年10月	13,000
伊藤ハム	2005年6月	67,000
イーエスエス・フード・ジャパン・川西倉庫	2006年1月	86,760
成幸	2006年10月	94,000
ケンコーポレーション（梅垣宏介）	2007年3月	1,190,000
エムワイコーポレーション	2007年3月	1,050,000
大豊	2007年9月	143,000
協畜	2008年1月	1,189,500
三菱商事/フーデーン・ジャパン	2008年9月	450,000
フジチク	2010年10月	628,000
赤荻和夫	2011年5月	453,900
プロシード/ユーアイ	2012年2月	4,000
ミリオンエンタプライス	2012年3月	60000
ナリタフーズ	2012年9月	596,155
タックインターフーズ	2012年	150000
堂谷・柴田	2013年5月	1,363,360
梅垣宏介	2013年8月	68,900
グッドフーズ	2014年4月	210,600
ふじよしや	2015年2月	110,000
ナンソー	2024年6月	587,022

＊大半が判決確定月だが、一部に摘発月を含む

方、三菱商事のように「罪」を認めて「おとがめなし」となるケースは、明るみに出ずに水面下で処理されることがしばしばなので実際の数はもっと多いと考えられる。

業者にとって官僚による「おめこぼし」にはさらに大きなメリットがあるようだ。ポーク担当は社内でも「出世コース」とされているらしい。

ちなみに、田邉のナリタフーズと同時期に摘発をうけた三菱商事の担当部長だった垣内威彦は2016年（平成28）に社長に就任。この年はくしくも田邉にとっては人生で二度も「犯罪者」にされた年で、自らとの落差に感慨一入《ひとしお》だった。

企業のコンプライアンスとガバナンスからいったら、新聞に載る「事件」の当事者がトップにまで抜擢されることなどあり得ないのではないか。その「あり得ないこと」が起こることこそが差額関税制度の根源的な問題点をあらわしているといえそうである。

逆に官僚からすると、「おとがめなし」のために節を曲げることを潔しとしない田邉のような人物は、「国に盾突く懲りない人物」として徹底的にムチをふるって叩きのめす。それも実に執拗で容赦がないほどまでに。

田邉がそれを思い知らされたのは、2016年（平成28）5月、2度目の摘発をうけて拘置所で検事から取り調べをうけたとき、開口一番、「浅草ビューホテルでの会合は、なぜ開いたのか？」と訊かれたことだった。

その会合とは、収監直前に開催したものである。どうやらそれが毎日新聞千葉版に田邉の写真付きで一面に掲載されたことが検察の逆鱗にふれ、その後も彼らの間で語り継がれていたらしい。また、この浅草ビューホテルの会合には、田邉の人生の暗転のきっかけとなった横浜税関の木元隆一審理官が一聴衆として参加していたことが、後に受付に置かれていた名刺から判明した。

それにしてもナリタフーズとナンソー両者の事案の間には9年以上の歳月が流れている。その間、国は田邉の動きを注視していて、「改悛」が見られないことから、今回の「ナンソー事件」での摘発に繋がったと思われる。一度国に盾突いた輩は絶対に許さないという彼らの執念深さたるや恐るべし、である。

しかし田邉が2度も「いわれなき獄中の身」にさせられたのは、官僚による「行政の不作為」だけが原因ではない。なぜここまで官僚の横暴とその結果としての「行政の不作為」がまかりとおるのだろうか。そこにはそれを下支えする構造的な闇がある。

それは「同和」と「ハム・ソーセージ会社」と「集団としての官僚」によるトライアングルの複合癒着構造である。

3 「政」「官」「業」プラス「同和」の癒着複合体

直接輸入はしないよう釘をさされた大手食肉加工メーカー

田邉が2度も「檻の中」へ幽閉される原因となった差額関税は、「世間の常識」から考えたら「誰も守れないから誰も守らない」トンデモ制度であることは、これまで繰り返し指摘してきたとおりである。にもかかわらず、いまだに維持されて機能しているのはなぜなのか？

前々節では自民党の「農林族のドン」にして「税調のドン」である山中貞則のごり押しによって、前節では「官僚の無謬性神話」から生み出される「行政の不作為」によってそれが支えられていることを詳《つまび》らかにしてきた。

実は理由はそれだけではない。それら「政界」と「官界」をさらに補強する〝大物〟がその後ろに控えている。ハム・ソーセージの食肉加工メーカーなどの「業界」である。

本来なら1971年（昭和46）、輸入豚肉が自由化された時点をもって、ハム・ソーセージ会社や大手スーパーチェーンが「直接輸入」するのが一般のビジネスの常識からすれば当然のはずなのに、なぜかそうはならなかった。ここに差額関税制度をめぐる最大の闇の一つが隠されている。

実需者が直接輸入をすると「差額関税」を支払うことになり、国内マーケットにうけ入れられない価格になってしまう。

ちなみに当時は中級のハム・ソーセージ用の原材料となる輸入冷凍豚肉の第一次業者の仕入価格は1キロ300〜350円である。これを日本の食肉加工メーカーが海外から直接仕入れると、国産豚肉を守るための「分岐点価格」（養豚農家向けには「堰き止め価格」とされた）の524円＋関税4・3％＝546・53円との差額を払うことになる。これでは一般家庭向けのソーセージが2倍になりハムが高級ロースハム並みの価格になってしまい、とても商売にならない。そこで自由化以降は、「第三者」に輸入を委託するようになって現在に至っている。

実は、差額関税制度をつくるにあたって農林省（1978年に「農水省」に改称）がハム・ソーセージ会社に「直接輸入業務はしないように釘をさした」という〝裏話〟がある。

それが田邉の耳にも届いたのは、大手食肉商社のゼンチクに入ってまだ3年ほどの新米サラリーマン時代で、こんな内容だった。

日本の大手三大ハム・ソーセージ会社の経営トップ――日本ハムの大社義規オーナー、伊藤ハムの伊藤傳三社長（先代）、プリマハムの竹岸政則社長が農林省に呼ばれて、畜産局長あたりの担当幹部から次のように念を押されたという。

「豚肉の輸入をハムソー会社が直接やらないでほしい。（豚の）割り当て時代に輸入業務でメシを食っていた大手商社から仕事を取り上げることになる。まだ牛肉は自由化になっておらず、割り当てが残っていて海外のパッカーとも取引しているので豚肉の輸入も彼らに任せてはどうか」

「直接輸入をしない」ことが最善のリスク回避策

新米の田邉にまで流れてきたということは、業界ではほぼ知らぬものはいない「周知の噂」となっていたと思われる。しかし今から考えると、これはハム・ソーセージ会社が自ら流した可能性が高い。つまり彼らの本音は「最終実需者」である自分たちが直接輸入という「危ない橋」を渡るのを回避するためのエクスキューズだったのではないだろうか。前述したように差額関税制度に抵触しないためには、国が推奨する「コンビネーション」（一頭分の枝肉を低価格部位と高価格部位で組み合わせた方式）で輸入するしかないが、これには高い部位が売れ残ってしまうリスクがあるからだ。

前掲の緒方林太郎の『国益ゲーム　日米貿易協定の表と裏』（ぱる出版、2020年）には、以下の指摘がある。

「国内のエンドユーザーにとってはこの仕組みは評判が悪い。単一商品の豚肉実需者が必要な物を購入しようとしても、不必要な部位を輸入せざるを得ない。結局、直接輸入できない。例えば、ラーメン店、中小のハム・ソーセージ・メーカー、肉まんや餃子のメーカーがそれに当たるだろう。輸入豚肉を扱う中小企業の方と話をすると、『この仕組み（差額関税制度とコンビネーション輸入）は大企業のためのものですよ。我々は大手食肉メーカーがコンビネーションで輸入したものを買わなきゃいけない構図になるんですから』と内心を吐露していた。冒頭で、差額関税制度導入時、政府は『堰き止め価格』と説明していたことを書いたが、当初からそのような意図は毛頭なく、

むしろ大手メーカーによる業界支配のためのツールという見方すらある」（p166～167）

この引用文中の「大手食肉メーカーがコンビネーションで輸入したもの」は、後述するように「例外的少数事例」で、「多数事例」は輸入価格を高く偽って輸入する違法を覚悟の「裏ポーク」である。いずれにせよ、大手食肉メーカーにとっては「直接輸入はしない」ことが最善のリスク回避策であり、「渡りに舟」だった。

このように、そもそも差額関税は、誕生したときからステークホルダーたちの思惑がからんだ矛盾に満ちた奇々怪々のトンデモ法規だったのである

「裏ポーク」の「常態化」が進む

では、「最終実需者」である食肉加工メーカーが「直接輸入」しないとなると、誰が輸入者になったのか？

「自由化」前は輸入商社として16社が当時の農林省に承認されていた。だが、1973年（昭和48）に丸紅、兼松、明治屋、東食など7社が実質的な価格と中告価格の二重契約をしていた脱税事件が発覚。その後は大手商社のダミーとおぼしき「輸入商社」が生まれ、輸入価格を実際より高く偽って輸入する「裏ポーク」が常態化するようになる。

そのダミーの多くは、以前から食肉業界に深くかかわってきた「同和」関係者が担うことになった。彼らの大半は食肉輸入業の経験はない。豚肉の国際規格も国際市場価格も理解していないし、

語学能力もなく、サプライヤーとはコンタクトせず、仕入れや販売能力もなく、最終実需者との間に与信関係もない――の「ないないずくし」。「ある」のは依頼された「輸入通関業務」を「差額関税違反」と覚悟して形式的にこなし、「危険手当」として口銭を得ることだけだ。

しかし長年にわたる「差額関税制度」の下では、この「違法裏ポーク」なくして豚肉の円滑な輸入はなし得なかった。こうして国が推奨する「コンビネーション」による「表ポーク」は、業界全体にとっては安上がりで便利な「裏ポーク」によって駆逐される。そして「裏ポーク」の「常態化」が進むにつれ、「豚肉の脱税事件」の摘発が相次ぐことになる。

マスコミは「巨額な脱税額」を第一に掲げ、その背後に「同和」がいることをにおわせて、いかに豚肉輸入業者が社会の「敵」であるかを強調する報道が顕著だった。

週刊誌「アエラ」(朝日新聞社) 1988年9月6日号は、「豚肉聖域、名古屋コネクション」と題して、台湾現地の取材を含めた5ページにわたる濃密なレポートを掲載。「同和」と「大手食肉メーカー」との癒着を次のように暴いている。

「台湾の高雄市内であった地元の有力な食肉メーカーの専務は、この輸入障壁を悪用した非合法取引を特権的にやっている組織について初めは『あるルート』とだけ述べたが、やりとりの中で同和の名前を口に出した。取材源の取得について繰り返し念を押された」

「(国内業者によると) 東海地区に選挙区地盤を持つ人を含む有力な与野党国会議員と、これら同和系業者とのつながりも、この世界では知られている」

「自分たち（大手も含めたハムソーセージメーカーや大小商社）は危険を負わず、手を汚すこともせずに、非合法輸入によって生み出された利得の一部を間接的に取ろうとしている。彼らは合法的なことをしているように装っているが、水面下のことは全て同和地区の業者を代わりに立ててやらせている」

「同和」の側も「悪役」を引き受けて、お仲間の「政」「官」「業」を安全地帯に退避させることで「利益」と「利権」を得るという〝もちつもたれつの関係〟にあった。この「政」「官」「業」プラス「同和」の癒着複合体が差額関税制度と「裏ポーク」を根っこで支えていることを、ほとんどの国民は気づきもしなかった。

それは「政・官・業」からすれば「不都合な真実」なので、国民に気づかれないことは好都合この上なかった。

ヨーロッパ産豚の輸入から手を引け

いっぽうの田邉はというと、豚肉の差額関税制度ができる1971年（昭和46）から遅れること20余年後にビーフからポークへ参入したため、「裏ポーク」とも「同和」ともずっと無縁だった。それを「自分事」としてはじめて体験するのは、欧州最大のパッカーであるデンマークのディニッシュクラウンとの取引によって日本の輸入豚肉のシェアの3割から4割を占めるまでに大きく飛躍をとげるきっかけをつかんだときだった。最初に取引をスタートさせたアメリカのIBPでは売り先の「売り越し限度」が決められていて、一度に巨額な契約をしてもらえない。ところがディニッシュクラウンは田邉を信頼して、「無制限な数量」の契約を躊躇なくしてくれた。そのおかげでヨーロッパ産の契約が順調に伸びてきた。20世紀がそろそろ終わろうとする頃のことだった。

なお、ここからのエピソードは、「ナリタフーズ裁判」において採用された「速記録」(平成20年7月4日第9回公判)に基づいて再現する。

ある日、全身黒ずくめの服に鋭い目つきの男が突然、田邉のオフィスに現れた。

その場に居あわせたスタッフたちは地元のヤクザが「強請《ゆすり》たかり」にでもきたのかとか思ったが、違っていた。

黒服男はスタッフたちを睨《ね》めつけると、こうすごんだ。

「最近ナリタフーズの豚肉輸入が増えている。アメリカ産、カナダ産はやむを得ない。ただヨーロッパ産、特にディニッシュクラウン産を扱うのはけしからん。あなたを後ろから刺す人は何人かいる」

この手の輩に逆らうと、かえって騒ぎ立てられるかもしれないと田邉は思い、「分かりました！」と返して、とりあえず引き取ってもらった。

その後、頭を冷やして今後の対処に思案をめぐらした。おそらく黒服男の背後には、ヨーロッパ産の豚を扱っている田邉のライバルがいるに違いない。田邉が気にかかったのは、男が言い残した以下の台詞だった。

「田邉さんのような、まともな人がやる仕事ではない。これは我々のような人間の仕事だから、手を引いたほうが賢明だよ」

そこからは「同和の仲間の仕事を邪魔するな！」というメッセージが感じとれた。いずれにせよ男の「脅迫」をそのままにしてはおけない。田邉だけではなく、スタッフに「もしものこと」があったら大変だ。そこで黒服男に会って、なにが目的なのかを確認しようと思い、黒服男が置いていった名刺をたよりに電話をかけて面談を申し込んだが、拒否された。3回目の電話でようやく会うことができた。渋々ながら応対した黒服男は、田邉が「脅迫」に素直に従うような相手ではないと察したらしい。すぐに黒服男の背後にいる「ボス」から連絡があり、皇居を臨むパレスホテルで対面することになった。

ボスは「俺はエセではなく真の同和だ」と自己紹介するなり、単刀直入に言い放った。

「ヨーロッパ産豚の輸入業務のほとんどは我々がしているから、ナリタフーズは邪魔だ」

当時業界では、デンマーク産を中心にしたヨーロッパの豚肉は、三菱商事とディニッシュクラウンの日本子会社であるＥＳＳの2社が仕切っていて、その「輸入代行」を彼らが一手に引き受けていたようだ。

さて、どうすべきか？　田邉にとって思案のしどころだった。

彼らが満足するのはナリタフーズがヨーロッパ産の豚肉事業から撤退することだろう。しかし田邉としてはビーフからポークへ業態転換してちょうどはずみがついたところなので、これは絶対にできない。さりとて彼らを敵に回して「独自路線」を続けるのも危険である。残る選択肢は彼らが満足する条件で手を打つしかない。

そこで田邉はこう提案した。

「ナリタフーズの〝守護神〟になってもらえないか？　税関対策はすべて任せる。輸入業務を全面的にやってくれるのであれば、三菱商事以上に輸入量を増やすことができる」

世界を股にかけて活動してきたビジネスマンとしては合理的な判断だったといえよう。

〝守護神〟とは、食肉業界には同和関係者が築いてきた「不可侵の聖域」があり、国税や税関が調査に入りづらいという「効果」のことである（豚肉業界の新参者である田邉は〝守護神〟の実態に通暁していたわけではなかったが）。この田邉の条件提示をボスは気に入ったらしく黒服男に「田邉さんは信頼できそうだから始めてみたら」と指示すると、黒服男は自信たっぷりにこう請け合った。

「我々は税関には絶えず接しており、何かあったら全面的に私らが責任を持って解決する。それが我々の仕事だから」

ところが、黒服男が請け合った〝守護神〟の霊験は口先だけだったことが、数年後に判明する。2007年（平成19）2月7日、田邉は輸入豚肉をめぐる差額関税脱税容疑で逮捕され、以後十数年にわたって差額関税をめぐって国と闘うことになるからだ。

黒服男は、裁判の公判で「当時業界では、同和団体等の関係する会社を取引に介在させて、それに対して口銭を支払うというのが業界のしきたりであった」と証言。〝守護神〟どころか、田邉にとって〝捨てる神〟となったのだった。

差額関税制度を支える癒着複合体から「同和」がはずされる

食肉業界に詳しい友人のライターによれば、黒服男が〝守護神〟になれなかった背景は、ナリタフーズとそれに続くナンソーの「差額関税違反事件」で田邉が「お仕置き」をうける時期と、差額関税制度を支えてきた「政」「官」「業」プラス「同和」の癒着複合体から「同和」が外される動きとがちょうど符合することから、読み解けるという。

これまで「同和」を「便利屋」として使ってきた「政」「官」「業」からすれば、時折り利権を嵩《かさ》に着て自己主張する〝獅子身中の虫〟に手を焼いていたこともあり、この事件は差額関税を支える癒着複合体から「同和」を切り捨てる絶好のチャンス到来に思えたのではなかろうか。そのついでに「同和」は、かねてから畜産行政をめぐって取り沙汰されてきた「過去の闇」をも覆い隠してくれる「恰好の隠れ蓑」にさせられた可能性も濃厚である。

さらに差額関税制度がつくられる2年前の1969年（昭和44）に成立し、彼らの「法的後ろ盾」となってきた「同和対策事業特別措置法」が2002年（平成14）で打ち切りになったというのも、その「傍証」となるのではないか。

こうなると、黒服男が田邉の〝守護神〟たりえなかったのは当然の帰結であった。

差額関税違反脱税額は６兆円!?

ここまで「差額関税制度」の問題点の根本に「政官業複合体に加えて同和の闇」があると指摘してきたが、最後に彼らが「最高傑作」とひそかに自負する「差額関税制度」の「自己矛盾（ジレンマ）の極み」に止めをさす「論より証拠」を示そう。

それは、そもそも差額関税違反は「脱税」とされるが、はたして「法律や制度」の正確な意味での「脱税」なのかという根本的疑念である。

その問題提起はすでに20年も前に豚肉生産者向けの雑誌『ピッグ

表4-3　2000〜2020年アメリカ対日輸出豚肉の差額関税徴収漏れと推定される金額

年次	未徴収関税合計	年次	未徴収関税合計
2000	12,264	2011	74,738
2001	47,464	2012	54,496
2002	55,510	2013	14,400
2003	82,510	2014	14,146
2004	97,013	2015	0
2005	41,730	2016	9,227
2006	34,640	2017	0
2007	29,244	2018	2,117
2008	45,741	2019	4,295
2009	49,959	2020	4,297
2010	51,361	徴収漏れ総額	7,251億1540万円

算出方法：

アメリカ農務省（USDA）の貿易統計データベースにアクセス、年度ごとに①アメリカで日本向けに販売された豚肉の総量とそれに対する現地価格を積算、②それにその年度の為替の変動を加重平均した数値からドルベースから円ベースに変換③そこから保険、船賃などの実費経費を差し引いた金額を算出。④アメリカから輸入された豚肉にたいして日本の税関当局によって「通関された金額」の年間総計と比較。⑤③と④との差額を「徴収漏れ」と推定した。

表が複雑になるので、⑤の数字のみを経年で表示した。

なお2015年と2017年が０円なのは米国産豚肉輸入価格が高かったことと円安だったため平均輸入単価が分岐点価格を超え計算上０となったからである。

データ出所：USDA　FAS - Global Agricultural Trade System (GATS)

ジャーナル』でなされていた。本章の「2　官僚の無謬性と犯罪性」でも、その一端を紹介したように、同誌2014年3月号では、折しも交渉が佳境に入っていたTPP交渉をテーマに12ページもの大特集が組まれた。「差額関税制度を捨てて実益を取る決断を！」という大胆な提案もさることながら、圧巻はその根拠として示された対日輸出豚肉の膨大な統計数字を丹念に集計・分析して推計された「脱税の告発」で、なかなかセンセーショナルであった。

それは、アメリカ農務省（USDA）の農産物貿易データベースにアクセス、対日輸出豚肉の当地での仕入金額と日本での「通関された金額」とを比較、その差額を「脱税分」と推定したものである。その根拠は、アメリカでの取引価格は1キロ当たり300〜400円だが、ほとんどの輸入業者は通関にあたって「輸入標準価格」という名の「統制価格」である524円で仕入れたと「虚偽申告」して「差額関税」を最小化しているからである。

同誌では、この手法を駆使して1994年から2013年までの20年間の「脱税額」は7800億円だと推定されている。

今回、改めてこの『ピッグジャーナル』の特集と同じ手法を使って、アメリカ農務省の貿易統計データベースにアクセス、2000年〜2020年の「脱税額」を検証。それを集計したものが前ページの表4-3である。それによると、「脱税額」は上記の21年間で約7251億円と、同じ20年間の『ピッグジャーナル』の推計とほぼ同額で、同誌の指摘は妥当性があると確認できた。

では、この巨額な「脱税額」は回収されているのだろうか？　日本の税関当局が時折り気が向いたように散発的に摘発することからも、差額関税違反の「脱税回収率」はよくてせいぜい数パーセントといったところだろう。

となると、日本の輸入豚肉に占めるアメリカ産の割合は約24〜25％であることから逆算して、差額関税制度ができてから50年分を積算すると、なんとトータルで6兆円近い税金が「とりっぱぐれている」計算になる。

もし国民がこれを知ったら、

「これだけの税金があったら、現在国民的議論になっている「高額医療費値上げ」（年間１１４０億円）、高校授業料無償化（１０６４億円）はいうまでもなく、今回見送られた「年収１０３万円の壁への手当（数千億円）」を加えても、なお5兆円以上の余剰がある」

と騒ぎ立てることだろう（後述するように、これは大いなる誤解であるのだが）。

そもそも「税は国家なり」といわれるように、「徴税」は国を成立させる「基本中の基本」である。「脱税」を見逃すことなどあってはならない。いうまでもないが、税金は政治や官僚や業界のものではない。国民から徴収され、最終的に国民のために再分配される国民の貴重な財産である。

もし税関当局が差額関税違反の「脱税」を「おめこぼし」していたら、司法は「行政の不作為（怠慢）」として厳しく指弾しなければならない。それが「国を国たらしめているガバナンス」の基礎である。ところが裁判所は税関による「おとがめなし」を追認しつづけている。

これをどう考えたらいいのだろうか？

この背景には構造的な矛盾がひそんでいる。

そもそも「関税」は「間接消費税」で消費者が負担する税である。しかし、豚肉については輸入業者の外形的な「脱税」によって消費者は関税分を負担せずにすみ、ハム・ソーセージを安価に買える市場流通経済が形成されてきた。

もし輸入業者が外形的に「脱税」せずに「差額関税」をきちんと支払っていたら、ハム・ソーセージは消費者には「高嶺の花」となり、今日のような安価で安定したたんぱく源にはならなかっただろう。その結果、田邉たち食肉業者は世間から「裏ポーク」で「税金逃れ」をしている「ワル」扱いをうけてきたが、それはとんでもない「濡れ衣」である。田邉たちが「ワル」ではない何よりの証拠は、彼らはビーフやチキンも輸入しているが、それに関わる「違法行為」で摘発された事例がないことからも明らかではないか。

ところが多くの豚肉輸入業者は「何十億円も脱税するなんてさぞや儲かっているのだろう」と陰口を叩かれ、田邉自身も悔しい思いをさせられたのは一度や二度ではない。実際は海外から仕入れた価格に輸送経費や保険料に数パーセントの薄利の口銭（コミッション）を加えてハム・ソーセージ会社などの「最終実需者」に販売しているのであって、巨額にのぼる「脱税」は、差額関税制度をクリアするための外形上の「便法」にすぎない。

つまり、諸悪の根源は、豚肉輸入に限っては全員が外形的に「脱税」をしなければ商売が成り立たない「差額関税制度」という憲法違反、条約違反の不条理な法律がまかり通っていることにある。

それにもかかわらず、国はそれを廃止ないし改めようとしないのは、なぜなのか？

これまで明らかにしてきたように、政官業複合体が拠って立つ「官僚組織の無謬性」、つまり「いったんつくられた法律や制度に誤りがあってはならない」からである。だから彼らはそれを世間に知られることを極端に恐れる。その可能性があれば事前に見つけて徹底的に叩き潰しにかかる。『ピッグジャーナル』の岩田編集長が前掲の特集により農水省から出入り禁止になり、その後「差額関税擁護」に回ったことで再び出入りが許されたのも、その典型事例である。

いっぽうの田邉正明は「すべての食肉輸入業者を脱税者にしてしまう差額関税制度こそ〝違法〟である」と訴え続けてきた。差額関税制度をつくった政官業複合体にとっては自己矛盾の本丸を突かれたに等しい。だから司法（裁判所）は行政（税関）を擁護追認して「裁判の規範性がない」と田邉の訴えに無視を決めこんできたのである。

それこそが、違法な差額関税制度にしがみつく国が「犯罪者」であって、田邉は「冤罪の犠牲者」であることのまごう方なき「論より証拠」である。

4 「ビジネスも裁判も」二刀流で人生最後の闘いへ

「再審を勝ち取ってナリタフーズの復活を！」

かくして日本に安くてうまくて栄養価の高い牛肉と豚肉を大量輸入、私たち日本人の体力向上と健康増進に大きく貢献した食肉業界の風雲児・革命児は一転して59億円を脱税した「犯罪者」となる。60歳半ばで2年近くも塀の中に幽閉。出所後の2015年5月25日、獄中で別件の脱税を指揮したとして起訴され、控訴も空しく3年半の実刑が確定する。

80歳を前に2度目の収監が迫っていた。

田邉正明は、人生で最後にして最大の選択を迫られた。

残りの人生をどう生きるべきか？

ふつうなら、「結果は出せなかったが、われながらよくやった」と自らを慰めて「お勤め」を果たした後の余生をどう楽しむかを考えるところだろう。

しかし、田邉が下した決断は——

差額関税制度によって挫折を余儀なくされた「食肉のワールドトレーダー」の夢を実現する、そのためになんとしても再審の扉をこじ開ける。その援護射撃として、新たに「冤罪被害による国家賠償訴訟」を東京地方裁判所に提訴することにした。

すなわち「ビジネスも裁判も」の「二刀流」による「人生最後の闘い」をリスタートさせることだった。

田邉が決断を下した心中に分け行ってみよう。

7回もの裁判で合計約74回を超える公判を闘いつくしたのだから、矛を収めて余生を考えたほうがいいと周囲からも言われ、当人もそう思ったこともある。しかし、どうしても納得がいかないのは、幼少期から夢見てきた「食肉のワールドビジネス」が「罪」に問われ、頓挫させられたことだった。それは田邉の人生を全否定されたに等しく、このまま引き下がっては人生に大いなる悔いを残し、とても余生を楽しむことなどできない。

いっぽうで、「ワールドトレーダーへの再起」をめざしても最高裁で確定した「判決」があるかぎり、田邉は「国家の基本中の基本である」税制の「違反者」として、金融機関から融資をうけられず、ビジネスの再起と継続は望めない。代役（ダミー）をたてる手もあるが、それは田邉のとる道ではない。当然のことだが自らのビジネスを当初から「法律違反」とは思っていなかったからだ。

田邉としては、あくまでも「正攻法」で挫折を余儀なくされた「食肉ビジネス」を再起動させ、さらに発展させたい。そのためには最高裁で確定した判決を再審によってくつがえすしかない。その思いが田邉を「ビジネスも裁判も」の「二刀流」による「人生最後の闘い」を決意させたのだった。

すなわち「再審を勝ち取ってナリタフーズの復活、世界市場へ向けてさらなる飛躍を！」である。

ビジネス再起動の強い思いを「獄中日記」に記す

思えば２００６年に税関から差額関税制度違反容疑で査察をうけてから、田邉の人生は「ビジネスから裁判へ」と暗転する。その対策にエネルギーの多くをとられて本業はおろそかにならざるを得なかった。営業停止をせざるを得なくなる。おまけに「脱税」相当分として土地や資産を差し押さえられ、ビジネスどころではなくなった。

これにより着実に実現するかにみえた「ワールドトレーダー」という幼少時からの夢は頓挫をしいられるが、逆に、田邉の胸中に芽生えた幼少時からの夢をかえってかきたてることになった。

２０１２年（平成24）、最高裁まで争って敗訴が確定。収監された田邉は、「檻」から出たら、１年半にわたる「不在」で休止を余儀なくされていたビジネスの立て直しにとりかかるためのプランを練った。折しも同年（平成24）３月からＴＰＰ交渉がスタート、日米の主要争点は、田邉を「犠牲の山羊」にした「差額関税制度」の廃止だった。そうなったらポークで正々堂々のビッグビジネスができるかもしれない。

「獄中日記」には、ビジネスの再起動へむけた期待が次のように綴られている。

▼２０１３年12月４日

「早くＴＰＰの政治決着で豚肉の関税撤廃して欲しい。中国の防空識別圏の問題で、日本側も米側に対して、5項目の特別扱いをいつまでも固執できないだろう。これは最後まで抵抗した姿勢を日本の生産者に最大限の努力を見せるのみで、コメ以外は、年度は別にしても（5年以内位）、全ての項目を関税ゼロにするプログラムができていると予想する。従って、我がグループの将来（5〜10年）の事業をこの僅かな期間に拙速に決める必要はない。この間に可能性のある事業の徹底した資料収集、調査をするべきだ。

己れの方針は不変。ワールドトレーダーのビッグプレーヤーになること、周りからの己れに対する良き期待に対しては全面的に協力すること、身内の若者に対しては、厳しく将来のリーダに育つべく育成すること」

再逮捕と、ビジネス再起動への強い思い

しかし出所してみると、「事業の立て直し」どころではなかった。別件の「差額関税制度違反」を獄中から部下に指図をしたとの容疑で再逮捕、取り調べのために8か月ほど「檻の中」へ幽閉される。それでも田邉のワールド食肉ビジネスへの希求は萎縮するどころか、かえって大きく膨らんで、より実践的になっていった。

「獄中日記」には、キング牧師が遺した歴史的名言を借りて「I HAVE A DREAM!」ではじまる「ビジネスへの再起動への強い思い」がこう記されている。

▼2016年11月1日

「穀物ビジネスのように、農産国から消費国への物の流れが世界地図で見られる如く、食肉においても近年、その量が増大し、特に中国の躍進で大きく変化しようとしているその中で、金額的にも数量的にも日本のビーフ、ポーク、チキンの輸入量は図抜けていた。特にポークは全体貿易量の約20％（2010年）、金額的には30～35％位であった。日本の輸入量の相対的な地位が徐々に凋落していく前に、その力を用いて、他の中国、韓国、香港、台湾、シンガポール、マレーシア、タイ、フィリピン等のアジア諸国を含めた食肉消費国に販売網を確立することで世界最大のミート・トレーダーの地位を確立するまたとないチャンスである。

この目的を達成させるためには、何点かの必須条件がある。

1．スタッフの充実。数ヵ国語をカバーするエネルギッシュな若者、いかなる国にも数年駐在できる生活力のある者。

2．毎日の価格を生産パッカーより入手して分析をし、各取引先、各国のセールスエージェントへ伝達するセールス機能。

3．生産国及び消費国における在庫機能。

4．毎日の価格に適応しながらの買・売の判断能力と、それができる人材。

5．情報を収集、そして伝達するソフト機能。

食肉業界の「カーギル」をめざして

この勇壮かつ遠大な「I HAVE A DREAM!」の「ビジネス・スキーム」には、実はかれこれ半世紀も昔の「前史」があった。

ゼンチク時代、鶉橋社長のカバン持ちで、毎年5月のゴールデンウィークは米国への出張があった。三井物産シカゴ支店を訪ねたおり、支店長が世界の穀物市場の状況説明をしてくれた。1970年後半、石油産業と同様な穀物メジャー、カーギル、コンチネンタル、ブンゲ、ドレフュス、全農が世界の穀物トレードを牛耳っていた時代に、三井物産も新規に参入しようとしていた。そのために産地、あるいは輸出港に巨大な倉庫を立ち上げなければならないと支店長は熱く語っていた。当時アメリカの穀物、特に飼料用コーンは余剰産物であり、ヨーロッパ、特にフランスと価格のダンピング競争を繰り広げていた。

それほど飼料用穀物がアメリカで余るということは、その「餌」で育てる畜産物、すなわち牛肉、豚肉、鶏肉は、最安値とまではいかなくても世界に輸出可能な価格になるだろう。「飼料用穀物」を輸出するよりも、その穀物を米国の牛、豚、鳥に与えて「食肉」にして輸出すれば「食肉産業」として人的労力が必要になり、「食品加工産業」はより発展する。穀物輸出の補助金を削減するそうした政策が近いうちに取られるだろうと田邉たちにも予測できた。それから半世紀たった今、実際に「穀物」よりも「食肉」が世界貿易の中心になりつつある。

時が経って、ポークのヨーロッパでの取引が始まった。最初はアイルランド、そしてデンマーク、フランス、ベルギー、スペイン、オランダ、ドイツ。ドイツはEUの中でも最大の豚肉生産国であり、消費国である。ただ、日本で一番需要のあるアイテム「ベリー（バラ肉）」の需要が少なく、極端に他国よりも安かったが、EU以外へ輸出しようとする意欲がなかった。

そこに田邉たちが参入したのである。アメリカでの取引相手、ポーキープロダクツ社の輸出担当マネージャー、マーク・ボイドの紹介でドイツのガウゼポ社と取引を始めた。

田邉は同社のガウゼポ社社長、そして彼の知り合いである米国食肉輸出連合会のフィリップ・セングを相手に、自身のアイデアを開陳した。

「世界共通の規格を設定して世界中で安心して貿易をするようになれば、食肉関連企業のレベルもそれなりに上昇するのではないか？」

両者とも「グッドアイデア！」と賛同した。

各国に共通するのは、食肉業界が国・政府の管理下にあるということだ。特に日本ではそれが顕著である。現実に「日本」は牛肉、豚肉、鶏肉の輸入量は世界最多であった。その日本をまず突破口に、この構想の実現に近づけたい。

まず自身の会社を輸入量の一番多い会社に育て上げて世界の輸出国の間に名を成さしめ、仕入れ能力を確立する。そのバイイング・パワーを最大限に生かして次の輸入成長国相手に、三国間貿易を開始する。当時としても、田邉のこの構想はかなり現実的なものであったろう。

ところが、世界を股にかけた壮大な夢のプロジェクトへ向かって日本で着実に地歩を固め、展望が見えてきたところで差額関税違反で「待った」がかかってしまったのである。

田邉の長年の夢を阻んでいるものは、差額関税という日本特有のトンデモ制度で、「もし田邉のビジネス拠点が『グッドアイデア！』と意気投合した相手のドイツやアメリカであったらよかったのに」と悔やまれることしきりだった。

しかし、田邉としては、どうしても諦めきれない。

その思いが、拘置中の「獄中日記」に「I HAVE A DREAM！」ではじまる「ビジネスへの再起動への強い思い」を書かせたのだった。

田邉の思いは、まずは2007年2月に逮捕されて以来、頓挫を余儀なくされたナリタフーズのビジネスをそれ以前にもどす。そして改めて、「食肉界のカーギル」を目指してスタートを切り直すことである。

それほどの大事業となれば、もちろん田邉一人では成しとげられない。スタッフをはじめ多くのステークホルダーたち――田邉が先の「獄中日記」に、「それは私の『心の中のヒューマンディクショナリーに存在している人々』がおられるからです」と記した「サポーター」がどれほど豊かなのかが問われることとなる。

元大手都市銀行出身で財務の責任者として田邉を長年支えてきた武川眞一は、こう言う。

「田邉が出所するときは私も古稀を超えているでしょうが、それまでは、ばらばらにさせられたナリタフーズの関連会社を連携させながら持続させ、田邉のビジネス再起動の受け皿にしたい」

またアメリカの関連会社サイプレスインターナショナルは現地の有力レストランチェーンへの和牛販売で大きな成果を上げつつある。さらに2人の息子たちも、アメリカとカナダとシンガポールで食肉ビジネスのネットワークを広げている。

どうやら田邉の「ヒューマンディクショナリー」は健在のようだ。田邉が二度目の収監生活を終えたあかつきには、これらを統合して「ナリタフーズ・インターナショナル」を創りだせる「下地」は十分にある。

しかし田邉が終生〝前科者〟のままでは、「食肉のワールドトレーダー」という壮大な夢のプロジェクトの旗振り役を務めることできない。その大役を心置きなく発揮するためには、なんとしても再審の重い扉を押し開き、冤罪を晴らさなければならない。

めざすは、「ビジネスも裁判も」の「二刀流」である。

それでは、いよいよ本書の掉尾、田邉による人生の最後を賭けた「再審への道」へと筆のすすめることにしよう。

第5章

いざ再審請求へ

1 闘う弁護団の結成

重い再審の扉をどうこじ開ける？

田邉は冤罪をはらすべく「再審請求」の準備にとりかかった。

しかし再審の扉を開かせるのはきわめて難しい。

『エコノミスト』（2025年2月11・18合併号）では「あなたを狙う『人質司法』」と銘打った特集を組み、大川原化工機事件に象徴される「経済事件の冤罪」の頻発をとりあげる中で、「再審請求の困難」が指摘されている。

「袴田事件」の場合、1966年（昭和41）に強盗殺人放火犯として逮捕され、80年に死刑判決が確定。翌81年に再審請求がなされ、2024年（令和6）10月に「再審無罪」が確定するまでに43年を要した。この43年のうち実に39年は検察官の不服申し立てなど国側の「意図的引き延ばし」によるものだった。これが問題になり、国会などでその見直しが議論になっているのは当然だが、それにしてもなぜ、こんな「理不尽」がまかりとおってきたのか。

それは田邉が「檻の中」へ入れられる法的根拠となった差額関税をめぐる基本構造とまったく同じで、「国の統治機構は誤りを犯すはずがない」という官僚の無謬性によるものである。だから日本の裁判所は仮に誤った判決を下してもそれを覆すことはめったにしない。日本の有罪判決率99・9%とは、逆に言えば相当数の冤罪が発生していることを意味している。再審の扉がめったに開かれないのも同じ理由である。

同誌では、大川原化工機社長・大川原正明と映画監督・周防正行との対談が掲載されていて、周防はこう疑念を呈している。

「どこに『無罪推定』の原則があるのか、警察・検察が『有罪推定』になるのはまだ分かるが、裁判所までが『有罪推定』なのが信じられない」

まっとうかつ正鵠を射た指摘で、まさにこれが日本の司法の「現実」で、再審請求の扉がかくも重いことの淵源なのである。

雪冤請負人、辻弁護士との出会い

では、この再審の重い扉をこじ開けるには、どうすればいいのか？

まずは、「闘う弁護団」の結成である。

しかし田邉にはこれぞという「あて」はなかった。思えば、田邉が檻の中に入れられることになった2007年（平成19）のナリタフーズ裁判での主任弁護人だった猪狩俊郎弁護士や志賀櫻弁護士では、刑事裁判の経験が少なく、いかにも心もとなかった。

ナンソー事件の最高裁判決で刑が確定したのを機に田邉は「ひとりごと」と名付けた日記を再び

つけはじめ、その中でこう記した。

「外から見たら、『泥沼に浸かった』状態に見えるかもしれない。しかし、肉体的な辛さはあっても私の精神的な状態はすこぶる高揚したものである。確かに意気がっているところもあるでしょう。当然です。この歳で意気がらないと何事も考えられなくなります。何故か！　まだまだ、私には最後の『勝利、無罪、冤罪！』のチャンスが残っているからです。誰かが、『袴田事件の弁護士』のように正義感に燃えた人たちが、戦ってくれるのを信じています。それは私の『心の中のヒューマンディクショナリーに存在している人々』がおられるからです」

「ヒューマンディクショナリー」とは、80年近い田邉の人生の中で築きあげてきた「人財データバンク」である。あれこれ探していたところ、このヒューマンディクショナリーから、うってつけの「闘う弁護士」に出会うことができた。

辻恵。といっても志賀櫻弁護士と同じく男性で、経歴は以下のとおりである。

1948年京都市生まれ、1967年、現役で東京大学文科Ⅰ類入学

在学中に東大闘争に参加。1973年東京大学法学部卒業

1977年年司法試験合格。1981年弁護士登録

1997年～2000年東京弁護士会法廷委員会委員長

2003年11月衆議院議員初当選

2009年8月衆議院議員2期目当選

衆議院法務委員会与党筆頭理事、民主党副幹事長等を歴任
心強いことに、辻弁護士は多くの冤罪事件を手掛けて成果を上げていた。

2004年（平成16）4月、鹿児島県議選の志布志選挙区で当選した中山信一県議（保守系無所属）の陣営が、住民に焼酎や現金を配ったとして公選法違反で逮捕、数か月から1年以上もの長期勾留により「自白」をとられて12人が起訴された。

辻弁護士は民主党の法務部門の責任者として陳情を受け、同年6月、衆議院法務委員会で時の野沢太三法務大臣に対して志布志事件は「冤罪のオンパレードだ」と追及して「遺憾だ」との答弁を引き出した。これが人気コメンテーターの大谷昭宏や長野智子にテレビで取り上げられて話題となり、2007年（平成19）に全員無罪判決を勝ち取り、検事は控訴もできずに確定した。これをうけて、辻弁護士が中心となって国会議員に呼び掛け、冤罪の温床をなくす取り調べの録音録画（可視化）義務付けの立法化を実現させた。

（なお、後にマスコミの取材などによって、中山県議のライバルであった自民党の某県議が県警に働きかけ、鹿児島県警本部長が自白強要を指揮していたことが、そもそもの原因と判明した）

その後も辻弁護士の活躍はつづく。2005年（平成17）2月の衆議院予算委員会では、「政治とカネ」で小泉純一郎首相（当時）を追及。これをふくめて80回以上の国会質疑と数多くの司法関係の法案を作成、政府と官僚の腐敗の不正を正した。さらに2022年（令和4）9月には「森友問題」で自殺させられた赤木俊夫財務省近畿財務局職員の妻の代理人として佐川宣寿財務省元理財局長ら

を刑事告発した。

元々1981年（昭和56）に弁護士になった当初から数多くの刑事事件に関わり、求刑15年の重刑事件2件の無罪判決を獲得するほか、狭山差別裁判の弁護人になるなど様々な人権活動に取り組んできた。1989年（平成元）からは29歳で夭折した後輩の多田謡子弁護士を記念する多田謡子反権力人権基金の運営委員長として、内外の人権活動家を顕彰する活動も行っている。これまでの受賞者は山田悦子（甲山事件・1974年）、免田栄（免田事件・1948年）、石川一雄（狭山事件・1963年）、袴田巌（袴田事件・1966年）、青木恵子（東住吉事件・1995年）、桜井昌司（布川事件・1967年）らを数えている。いずれも司法による冤罪事件の当事者ばかりである。

田邉にとっては、再審請求に向けて大いに期待がもてる頼もしい人権弁護士との出会いであった。

2 「経済事犯による冤罪」の頻発を追い風に

再審請求を「骨を断つ」闘いの場に

田邉は辻弁護士に会うや、「再審への思いの丈」を熱っぽく語った。

そもそも田邉は最高裁への上告以来、思いどおりの闘いができないという「不完全燃焼」感を募らせていた。そして「皮を斬らせて肉を斬る、肉を切らせて骨を断つ」の戦法でしか勝てないとの考えをもつに至った。すなわち「事実関係」――たとえば田邉と部下たちの間に「共謀」があったかなかったか、刑務所の面接で誰が何を話したか、あるいはナンソーの個々の取引の実態はどうだったのかなど――で細々と争っても国の言いなりの気骨のない裁判官には通用しない。そこで差額関税制度の下では田邉のナリタフーズやナンソーもふくめ、すべての豚肉輸入業者の申告は「水増し」「虚偽」にならざるを得ないという「逆証明」を突きつけ、正面から一点突破せよという戦法である。だが、最低でも「情状酌量による執行猶予は確保したい」という弁護団は、田邉の戦法を正面に据えることはなく、結局、田邉は人生で二度目の懲役刑を食うことになった。

田邉としては「敗北の人生」のままでは終わりたくない、なんとしても再審を闘って「まっとうな人生」を取り戻したいとの思いがつよまるばかりだった。そのためには今一度「皮を斬らせて肉を斬る、肉を切らせて骨を断つ」の戦法で闘いたいと辻弁護士に訴えた。中心に据えたい具体的な主張は、ナンソー裁判で田邉たちが訴えて却下された次の4点である。

1 「差額関税制度」とその法的根拠とされる「関税暫定措置法」は、国際貿易ルール（WTO＝世界貿易機関）に違反しており、国際法を優先することを定めている憲法98条にも違反している。したがって田邉が「関税暫定措置法」で有罪とされたのは冤罪である。

2 上記の田邉側の主張に対し、最高裁判決では「直接適用可能性はないものと認めるのが相当」、すなわち「差額関税制度が憲法98条2項により無効になるという原告の主張はその前提を誤るものであって採用することができない」とした。これは「司法の思考停止」による誤った判断であり、それにより有罪とされたのは冤罪である。

3　差額関税制度の分岐点価格の設定によりすべての輸入が「違法」となる。にもかかわらず田邉を「見せしめ的」に起訴したのは「公訴権の濫用」であり、TPP締結等により廃止すべき刑罰法規を放置した「立法の不作為」と併せて有罪とされたのは冤罪である。

4　関税定率法4条によれば「輸入者と輸出者の間に資本関係があったり、同じ人が取締役を併任している場合などの特殊関係がある場合に、一般に日本に輸入されている商品の価格を課税価額とする」と定められており、もっとも関税が低い輸入基準価格（統制価格）で田邉が輸入申告することは「合法」である。したがってその行為を「脱税」としたのは違法であり、田邉は冤罪である。

以上の4点を強調して再審を闘ってほしいとの田邉の訴えに対して、辻弁護士は田邉の思いを「わがこと」として受けとめ、田邉の訴えを可能な限り法律的に表現して、再審請求を「骨を断つ」闘いの場にしたいと約束してくれた。

田邉は「これで勝負になる！」と意を強くしたのだった。

「司法の常識」は「経済の非常識」

しかし再審の重い扉をこじあけるには、当事者の強固な闘志と「闘う弁護団」だけでは必要条件にすぎない。袴田事件が再審まで40年以上もかかったのもそうだが、「世間」を味方につけなければ、権力にもみ消されてしまう。

差額関税は「誰も守れないから誰も守らない」トンデモ制度ではある。しかし、その「誰」とは豚肉輸入にかかわる人々のことであり、消費者ではない。あえて誤解を恐れずに記すと、消費者からすると、「合法な表ポーク」であろうが、「違法な裏ポーク」であろうと、「より良くて安い豚肉」が食べられれば、どっちでもいい。したがって「誰も守れないから誰も守らない」トンデモ制度の「犠牲の山羊」だといくら当事者の田邉が主張しても、なかなか一般消費者には届かないし、共感をもって「応援団」にはなってくれそうにない。

ところが、にわかに国民全般の共感につながる追い風が吹いてきた。

ここに来て顕著になってきた「経済事犯による冤罪」の頻発である。前掲の『エコノミスト』の特集もそれをうけたものと思われるが、これは「同類」である田邉の差額関税関連事件をクローズアップする援護射撃に必ずやなるはずである。同誌の特集では「経済活動が複雑化する中、一般人でも捜査機関に逮捕されるリスクが高まっている」として、捜査と勾留がもとで幹部が死亡した大川原化工機事件や、226日間に及ぶ勾留生活を強いられた角川歴彦KADOKAWA元会長の東京五輪をめぐる汚職疑惑事件など多くの「経済事犯」が詳しく紹介されている。

なぜ頻発するのか。三浦和義の「ロス疑惑」や村木厚子元厚生労働省事務次官の「郵便事件」で無罪を勝ち取り、「無罪請負人」の異名をとる弘中惇一郎弁護士は取材にこう答えている。

「犯罪があるから捜査しようではなく、『何か犯罪はないか』からの出発がままある。さらに（検察は）自分の任期中に何か〝ヤマ〟を当てたいとして無理を重ねることもあり、冤罪が生まれやすい」

田邉もナンソー事件で、部下たちが半年から1年近い身柄拘束による「人質司法」となって、精神的圧迫から自白を強いられた苛酷さを実感している。

同誌特集では、角川元会長も「『司法の常識』は『経済の非常識』を実感した」としてインタビューにこう答えている。

「（真犯人がいるとして警察が捜査に入る「発生型事件」に対して）捜査機関が『これは贈収賄だ』などという形で、具体的な被害者がいないのに事件化されるのは『立件型事件』という。検事は『君は悪いことをしたんだ』と言う。日本の場合『そうです。悪いことをしました』と応じると立件型事件として作り上げられ、罪が固まっていく」

そして角川は、東京地裁に国家賠償訴訟を起こしたとしてインタビューの最後をこう結んでいる。

「この（提訴）壁は厚いだろう。弁護士にも30年はかかると言われたほどだ。私は80歳を過ぎており、30年後はリアリティーがないのだが、少しでも現状を変えるきっかけが生まれてほしいと思う」

これは80歳まであと1年で収監を控えながら、再審請求を起こしている田邉正明の心境にも通底するものといえよう。

闘う弁護士の再審戦略とは

さて再審弁護団としては田邉の思いの丈をうけ止めて再審の重い扉をこじ開けるべく、どのように一点突破の風穴を開けられるか？「闘う弁護団」を率いる辻弁護士は再審裁判だけでなく、裁判の内容を問わずあらゆる方策を講じる必要があると助言する。この意味で田邉が別途準備中の「冤罪被害による国家賠償訴訟」の提起も援護射撃となりうる。

国賠訴訟の弁護団の中心を担う大川原紀之弁護士は、再審請求との連携と企図をこう語る。

「現行の再審制度では、具体的な審理の方法は裁判所の裁量に委ねられており、証拠開示の基準や手続きも明確ではありません。また、再審開始決定がなされても検察官が不服申し立てをおこなうことにより長期化し、冤罪被害者の速やかな救済が妨げられています。このような現行の再審制度が抱える制度的・構造的な問題から、再審制度のみに頼っていては速やかな解決はまったく期待できません。

そこで、民事訴訟としての国家賠償請求訴訟を提起することにより、民事訴訟の審理の中において、差額関税制度の不合理性や条約違反という問題をメインの争点とし、国側に差額関税制度の合理性や条約適合性を積極的に主張させ、裁判所にはこの争点についての判断を回避させることなく、早期に裁判所の判断を仰ぐことが可能となると考えています」

これをうけて、再審弁護団の辻弁護士は、再審闘争についてこう語る。

「日本の刑事裁判は起訴されたら99・9%有罪になります。だから有罪が確定したのに、後から裁判がひっくり返って無罪になることはなおさらあり得ません。再審が開かずの扉と言われるわけで、今年58年ぶりに再審で無罪になった袴田巖さんの例は本当に稀なケースです。

なぜこうなるのかはいろいろ理由が考えられますが、再審で実際に判決をひっくり返すには裁判官に頭を変えてもらわないといけない。そのためには既成観念に囚われている裁判官を自由な思考に導き、生の人間性を引き出して事件の本当の実態を直視してもらう必要があります。

私は15年という重刑を求刑された2件のケースで無罪判決を得た経験があります。謂《い》わば奥の院に閉じこもっている裁判官が生の状況を見分けるために屋外に出てこざるを得ない状況を創り出せたから無罪を得ることができたという実感があります。再審はより困難な手続きですが冤罪が話題になっている今こそ、田邉さんにとってチャンスだと思います。奥の院から屋外に出てこさせることこそに大きな力を発揮するのが世論の力です。

私は、2つの側面から本件の実態を裁判官に直視してもらおうと考えています。一つは、本件豚肉の差額関税が国内の業者が誰一人制度に従って支払いをしておらず、かつ生産者も消費者も誰一人保護されることのない制度であり、農水省はじめ行政の無責任によって廃止されないままに放置されている制度であることです。

もう一つは、本件のような経済刑法のケースでは、公正かつ自由な競争の機能が侵害されることが処罰の正当性の根拠となります。しかし豚肉の輸入については、大手ハム・ソーセージ会社だけが利益を独り占めする政官業癒着の体制が50年以上続いており、自由な競争を侵害しているのは彼らこそなのです。

これらの状況に対して裁判官がキチンと向き合って直視してもらうよう、政治社会状況の変化や世論の注目など様々な要素を掘り起こして、本件が田邉さん一人を生贄に仕立て上げるものであり、ある意味国家の言いなりにならない者に対する意趣返しであることを明らかにして、裁判官の人間性を揺さぶりたい。そのような事実を集積して、再審開始の要件を広げて再審開始決定するよう裁判官に判断を迫りたいと思います」

ここで危惧されるのは、このトンデモ制度の生みの親である政官業複合体に「もはや過去の遺物だから」と争いの場から逃げられてしまうことである。かねてからWTO協定に抵触すると問題視されていた差額関税は、3年にわたるTPP交渉の末、2015年10月5日に以下の合意をみた。

《高価格帯にかける4・3％の関税は、発効の2018年12月30日から10年目に撤廃し、低価格帯は1キロ482円の関税を50円に下げる》

つまり差額関税制度はもはや「過去の制度」になりつつある。それを内心で、「誰も知られずに消えてくれる」好機到来と願っているのは、生みの親である政官業複合体だと思われる。かねてから「誰も守れないから誰も守らない」形骸化の極にあると自覚しているからだ。その彼らがもっとも恐れるのは、再審請求によって差額関税制度が「行政の不作為」の典型として、すなわち事実上失効した法律と制度によって無実の国民を有罪にした「冤罪」が世間に知られてしまうことである。

そうなると、これから先も第二第三の差額関税制度をつくり「行政の不作為」によって国民をあざむき続けることができなくなる。そこで彼らは田邉正明の再審請求に対して、あらゆる手練手管を使ってつぶしにかかることだろう。

これ以上トンデモ制度をつくらせないために、田邉正明の再審請求の行方は要注目である。

2025年（令和7）6月には、田邉正明を「請求人」に、辻恵を主任弁護士とする「再審要求書」が東京地方裁判所刑事部に提出される。

顧みれば2006年（平成18）2月、横浜税関による突然の取り調べによって田邉正明の人生は暗転。以来激闘およそ20年、ここに残りの人生をかけた「最後の闘い」が始まったのである。

あとがき　田邉正明は「令和の坊ちゃん」である！

「まえがき」の冒頭で、読者に対してこう呼びかけた。

「ある食肉起業家が冤罪の〝濡れ衣〟を着せられている。それを雪《そそ》ぐ闘いにともに加わってもらいたい」。そしてモデルの田邉正明がいかに〝助太刀〟に値する人物かを、様々な視点からエピソードをまじえて語ってきた。

ここまで読み進めていただいて、いかがだったろうか？

「よし、田邉正明の冤罪を晴らす闘いの輪に加わろう」と思われただろうか。そこまでは無理でも、「遠巻きながら加勢はしたい」と思われただろうか。であれば、本書に託した所期の目的はほぼ果たせたので、筆者としては大満足である。

自白をすると、読者に呼びかけた以上は、筆者自身が真っ先に闘いの輪に加わるべきなのに、実は当初はそこまでの確信はなかった。しかし不思議なことに、書き進めるにつれて田邉に助太刀したい気分がつのってくる。いったいこれはなぜなのか、原稿をほぼ書き上げたところで、そのわけにはたと気づかされた。

ヒントを与えてくれたのは、田邉の岩田明子スタッフに「田邉さんってどんな人？」と問いかけたところ、即座に返ってきたこの一言だった。

「漱石の『坊ちゃん』みたいな人です」

なるほど、言いえて妙だ。これで合点がいった。たしかに田邉正明は「令和の坊ちゃん」だ。生まれつき曲がったことが大嫌いで、長い物に巻かれるなんてまっぴらごめん。そんな坊ちゃんを放っておけない筆者はさしずめ出来損ないの「令和の清《きよ》」なのかもしれない。

考えてみると、「オリジナル」と「令和」の2人の「坊ちゃん」をめぐる事件にはずいぶんと似たところがある。

オリジナルでは、新任中学教師の坊ちゃんが生徒たちから陰湿ないじめにあい、学校当局に対処を求めるが、教頭の赤シャツと音楽教師の野だいこや校長の狸ら「取り巻き連」は事件をうやむやにする策謀をめぐらす。坊ちゃんを親身に思う「清」が東京から手紙で「短気は損気」と諌める。しかし、坊ちゃんは生来の負けん気と勇み肌に火がついて堪忍たまらず、正義漢の数学教師・山嵐の助太刀を得て、赤シャツ一派の策謀に鉄槌を加える。

さしずめオリジナルの新任中学教師は、ポーク業界に新規参入したての田邉正明。「生徒たちの陰湿ないじめ」は、「差額関税制度」を違法だと認めない田邉への執拗な「弾圧」であり、「陰湿ないじめ事件」を保身のために隠ぺいする赤シャツとその「取り巻き」は、トンデモ制度をつくってそれにしがみつく政治家、官僚、大手ハム・ソーセージ会社による「政官業複合体」ではないか。

しかし願わくは、新旧2つの「坊ちゃん」の結末は同じであってはならない。真逆の結末であってほしい。「オリジナル」では、坊ちゃんは赤シャツ一派に一矢を報いて溜飲を下げて東京へ帰る。

それによって坊ちゃんがいなくなった後、赤シャツ一派は何ら反省することなく「旧来の体制」を謳歌していることが暗示されている。

しかし、「令和版坊ちゃん」の結末は断じてそうであってはならない。孤軍奮闘20年、「政官業複合体という巨大な敵を相手によくぞここまで闘った」で「令和の坊ちゃん」を花と散らせてしまっては元も子もない。そうなったら、「令和の赤シャツ一派」の思う壺である。これからも差額関税制度に代わるトンデモ制度を次々とつくっては「行政の不作為」で国民をあざむき、ぬくぬくと生き続けることだろう。

田邉の再審請求の闘いをもって、「令和の赤シャツ一派」に心から反省させ、差額関税制度のようなトンデモ制度を2度とつくらせない第一歩としなければならない。

「令和の坊ちゃん」の再審請求にむけて、森友事件で自殺を余儀なくされた赤木俊夫さんの妻の代理人をつとめるなど頼もしい実績をもつ辻恵弁護士が「令和の山嵐」を買ってでた。これは心強い限りだが、それだけでは強大な「令和の赤シャツ一派」には太刀打ちできない。

やはり「令和の坊ちゃん」には坊ちゃんを親身になって支えてくれる「令和の清」が必要である。「令和の清」として坊ちゃんを支えることは私たちのためでもある。いや、私たちの子供や孫たちが「行政の不作為」による不幸を負わないためでもある。

ぜひとも読者諸兄姉には、「令和の清」になっていただきたい。

これは、出来損ないの「令和の清」第一号である筆者からの最後の切なるお願いである。

田邉正明と差額関税制度をめぐる冤罪事件関連年表

和暦	西暦	年齢	個人に関わる出来事	食肉業界の動き	社会的事件
昭和21年	1946	0歳	6月18日千葉県館山市に生誕		日本国憲法公布
昭和32年	1957	11歳		牛肉の大量輸入で市場混乱 12月 食肉輸入商社協議会設立	岸信介内閣成立
昭和33年	1958	12歳		指定商社の再編　輸入実績上位13社 ㈳日本食肉協議会：配分調整 加工用の需要者割当の決定　日本ハム・ソーセージ工業協同組合と日本食肉缶詰工業協同組合 4月　FA制（外貨割当制）　外貨割当を持つ指定商社を通じてのみ輸入可能	東京タワー完成
昭和35年	1960	14歳		日本食肉市場卸売協会（JMMA）設立	第1次池田勇人内閣成立
昭和36年	1961	15歳		農業基本法・畜産物価格安定法制定 畜産振興事業団設立	ベルリンの壁出現
昭和37年	1962	16歳	安房高校入学		
昭和39年	1964	18歳		外貨割当から数量割当制度に移行。平成3年（1991）4月の牛肉自由化まで実施	日本OECDに加盟 東海道新幹線開業

昭和40年	1965	19歳	早稲田大学入学	畜産振興事業団、試験輸入牛肉取扱い開始　一気に輸入増1万トン台	
昭和41年	1966	20歳		9月　畜産振興事業団の買入・売渡事業開始 全国食肉事業協同組合連合会（全肉連）設立（輸入牛肉の一元的受け入れと全国への供給体制を確立するため、東京の全国輸入協同組合と大阪の東亜食肉輸入組合が合併）	「いざなぎ景気」始まる
昭和43年	1968	22歳	4月　家業の進幸屋畜産を手伝う		世界初の一般向け市販レトルトパウチ食品「ボンカレー」が発売
昭和44年	1969	23歳	9月　全国畜産㈱　貿易部に配属	畜産振興事業団が流動的需要に対応できず、売上鈍る 同和対策事業特別措置法（同対法）を10年間の時限立法として施行	アポロ月面着陸
昭和45年	1970	24歳	6月　全国畜産㈱、㈱ゼンチクに社名変更	畜産振興事業団が競争入札開始。指定商社が需要者との品目・規格の特定後に、事業団と売買を行うワンタッチ方式導入	銀座・新宿・池袋・浅草で歩行者天国
昭和46年	1971	25歳		10月　豚肉自由化。差額関税制度導入。46年上半期までの豚肉輸入への新規参入条件は、過去に輸入実績のある16商社	日本マクドナルド1号店が開店 円が変動相場制に移行

昭和47年	1972	26歳	オーストラリア駐在		
昭和48年	1973	27歳			第一次オイルショック
昭和49年	1974	28歳	帰国、㈱ゼンチク営業部ビーフチームリーダーとなる		マイナス成長になる
昭和54年	1979	33歳	㈱ゼンチクを退社 アメリカで起業 Mercury Overseas,Inc.設立	「同対法」を3年間延長。以降、名称を変え2002年まで継続	インベーダーゲームが大流行
昭和62年	1987	41歳	Mt. Shasta Beef, Inc.を設立、Black Angus牛の買付けを行う		地価高騰、バブルの始まり
昭和63年	1988	42歳	5月 Shasta Foods Intl, Inc.を設立		消費税法案強行採決
平成1年	1989	43歳			昭和天皇崩御 天安門事件 ベルリンの壁崩壊
平成2年	1990	44歳	11月 Mannng Foods (USA), Inc.を設立		無印良品登場
平成3年	1991	45歳		4月 牛肉自由化	ソ連崩壊
平成4年	1992	46歳	9月 ナリタフーズ㈱を設立	㈱ゼンチク、スターゼン㈱に社名変更	バブル経済崩壊
平成11年	1999	53歳	㈲ナンソーフーズ設立		

平成13年	2001	55歳	Clever Asia Int'l Ltd. 設立		アメリカ同時多発テロ
平成14年	2002	56歳		国の政策としての同対法失効	日韓ワールドカップ開催
平成15年	2003	57歳		12月 BSE感染米国牛肉輸入禁止	
平成16年	2004	58歳	デンマーク産豚肉を大量輸入、吉野家牛丼の代替原料になる	差額関税制度の生みの親、山中貞則死去	日本初の鳥インフルエンザ確認 アテネ五輪
平成17年	2005	59歳	㈱OAK、㈱浦河ファーム設立		COP3京都議定書
平成18年	2006	60歳	税関聴取 12月 千葉地検聴取 国税局調査	ESS（ディニッシュクラウン代理店）・川西倉庫 刑事処分	
平成19年	2007	61歳	1月 千葉地検聴取 2月7日 勾留 ナリタフーズ事件 2月26日 起訴 8月2日 保釈	伊藤ハム 第三者納付 6月 安倍内閣で「差額関税制度廃止」を閣議決定	
平成20年	2008	62歳		9月 三菱商事行政処分	iPhone発売開始
平成21年	2009	63歳	3月26日 千葉地裁判決		消費者庁発足
平成22年	2010	64歳	8月27日 猪狩俊郎弁護士、マニラで自殺 8月30日 控訴審、東京高裁判決		バンクーバー五輪

平成23年	2011	65歳	9月 志賀櫻弁護士『国際条約違反・違憲 豚肉の差額関税制度を断罪する』を出版		東日本大震災 TPP交渉参加表明
平成24年	2012	66歳	9月4日 最高裁判決 9月7日 異議申立 9月20日 申立棄却 9月26日 差額関税制度説明会開催 11月14日 収監 11月 民事訴訟提起		東京スカイツリー開業 ロンドン五輪
平成25年	2013	67歳	7月 ナンソー事務所、強制捜査		
平成26年	2014	68歳	3月 ナンソー関連会社、強制捜査		消費税8％スタート
平成27年	2015	69歳	12月 志賀櫻弁護士 逝去		TPP日米協議 牛肉9％・安い豚肉50円で最終調整
平成28年	2016	70歳	5月25日 一斉捜査 ナンソー事件 5月26日 田邉を含む4人が勾留 12月 3名保釈		マイナンバー制度開始

平成29年	2017	71歳	2月 田邉保釈	
平成30年	2018	72歳		TPP発効
令和1年	2019	73歳		日EU経済連携協定発効
令和2年	2020	74歳	3月30日 地裁判決・再勾留 7月16日 保釈	日米貿易協定発効
令和3年	2021	75歳		大谷翔平が大活躍、メジャーMVPに 東京五輪
令和4年	2022	76歳	12月23日 高裁判決 12月27日 保釈許可	北京冬季五輪
令和5年	2023	77歳	5月17日 上告趣意書提出期限	
令和6年	2024	78歳	6月18日 最高裁判決受け取り	能登半島地震 パリ五輪

【著者プロフィール】

前田和男（まえだ・かずお）

1947年東京生まれ。東京大学農学部卒。日本読書新聞編集部勤務を経て、翻訳家、ノンフィクション作家、編集者。路上観察学会事務局。『のんびる』（パルシステム生協連合会）編集長。
著書として『昭和街場のはやり唄』（彩流社）、『炭鉱の唄たち』（ポット出版プラス）、『男はなぜ化粧をしたがるのか』（集英社新書）、『足元の革命』（新潮新書）、『選挙参謀』（太田出版）、『紫雲の人、渡辺海旭』『民主党政権への伏流』(ポット出版)、『MG５物語』（求龍堂）ほか多数。
訳書にオーレン・ハラーリ著『コリン・パウエル　リーダーシップの法則』（KKベストセラー）、テリー・イーグルトン著『悪とはなにか』（ビジネス社）などがある。

冤罪《えんざい》を晴らす！

2025年5月11日　第1刷発行

著　者　前田和男
発行者　唐津　隆
発行所　株式会社ビジネス社
〒162-0805　東京都新宿区矢来町114番地　神楽坂高橋ビル5F
電話　03-5227-1602　FAX 03-5227-1603
URL　https://www.business-sha.co.jp/

〈カバーデザイン〉大谷昌稔
〈本文デザイン&DTP〉茂呂田剛（エムアンドケイ）
〈印刷・製本〉モリモト印刷株式会社
〈編集担当〉斎藤明（同文社）〈営業担当〉山口健志

ISBN978-4-8284-2730-0